U0247363

万川
reflections

一
步
万
里
阔

超级水果

Avocado

牛油果

小史

中国工人出版社

献给肯·史密斯，我的好朋友和忠实的支持者。

他人对你的支持值得被重视和感激。

目 录

1 牛油果的历史 ... 001

2 牛油果的种植 ... 067

3 销售一种奇怪但营养丰富的水果 ... 127

4 牛油果的食用及其他用途 ... 159

食谱 ... 191

附录:牛油果的种类 ... 211

延伸阅读 ... 220

致谢 ... 228

Avocado
A GLOBAL HISTORY

1

牛油果的历史

对于吃着在便利店买的牛油果三明治长大，或是在"超级碗"上蘸着巨型碗装的牛油果酱，又或是在附近的咖啡店要一杯浓缩咖啡配一片牛油果吐司的一代人来说，牛油果似乎一直都存在。如今它是这样无处不在，然而仅仅在100年前，在牛油果的原产地——翠绿的墨西哥米却肯州山谷之外，牛油果却鲜为人知。

今天，牛油果像苹果一样常见，并且即将取代苹果成为全世界人最常食用的水果。一种不甜、煮了之后会变苦、口感奇怪而光滑、成熟后会变成独特的绿色的水果如何征服了全世界的想象力，这是一个有趣的问题。本书讲了一个关于果园里的幸运发现、创造性而又艰难的营销尝试和人们对营养的态度巨变的故事；一个关于克服了陌生、高价、明显奇怪的口感等诸多障碍，成为从巴黎时尚达人到南美巴塔哥尼亚牧场主，人见人爱的浆果的故事。这就是牛油果的故事。

起源

牛油果树是一种樟科（Laureceae / laurel family）植物。樟科属于基部被子植物，后者是地球上最古老的开花植物分支之一，可追溯至1亿多年前。几千年来，樟科的月桂久负盛名，"月桂"（laurels）和"佩戴桂冠的人"（laureate）这两个词语代表卓越。而"桂冠诗人"（poet laureate）和"学士学位"（baccalaureate）两个词语都源于月桂树之名。月桂的拉丁学名为"*Laurus Nobilius*"，又名"高贵的月桂"（noble laurel）。樟科属于毛茛目，还包括黄樟树、肉桂树、月桂树、加利福尼亚桂树和樟树等多种树木，在烹饪和经济方面具有重要价值。其中，牛油果树的经济价值最高。

在植物学上，牛油果树属于鳄梨属，它或许是大多数人最熟悉的鳄梨属植物。最早的鳄梨属植物诞生于第 1 个超大陆——冈瓦纳大陆。随着早期超大陆的形成和分裂，鳄梨属植物与许多个小陆地板块一起移动，到达后来成为非洲、欧洲、北美洲和南美洲的大陆。现在，鳄梨属植物的踪迹在全球多地都可以找到，但它们在后来成为北美洲和南美洲的陆地板块上生长得尤为茂盛，在温暖潮湿的亚热带气候条件下蔚然成林。

牛油果树是我们目前所处的地质时代——新生代的产物。新近纪晚期的火山爆发形成了连接南北美洲大陆的中美洲大陆桥。事实证明，由此形成的栖息地非常适合牛油果树的进化。该地区的生态条件也孕育了后来进化为玉米（玉蜀黍）、辣椒、西葫芦、香草和巧克力的植物。今天，牛油果树在除南极洲以外的各大洲均有种植，但其古树品种鳄梨（Persea americana）与美洲密切相关。

鉴于几千年来人类对水果品质的严格筛选，人们普遍认为牛油果树是一种栽培植物，但因其杂合性，也可以说牛油果是一种半栽培植物。当具有不同特征的基因位于染色体同一点位时,我们称这个生物体为杂合子。生物体繁殖时表现出哪种基因是随机的,因此,和人类一样,杂合子子代和亲本相关,但绝不会是两个亲本之一的精确复制品。植物学家和育种家认为牛油果树是高度杂合的,因为无法根据树上长的种子预测水果的品质。牛油果树种子和苹果树种子的情况相同,由特定树上的种子长成的树不太可能与亲本相似。要获得一个复制亲本的子代,必须通过芽接和枝接进行无性繁殖。在果园种植中,牛油果树几乎全部通过芽接和枝接进行繁殖。尽管如此,科研人员依然用种子培育了许多树,因为这些子代可能表现出亲本不具备的理想特征。

通常认为牛油果树是栽培起源的植物,即栽培物种,和它已灭绝的独特祖先大不相同。我们今天食用的大多数植物都是栽培起源的植物,比如玉米、西蓝花和甘蔗。

3 种牛油果

牛油果是鳄梨属的一个亚种,它又进一步细分为3个地方种群:墨西哥系、危地马拉系和西印度系。牛油果的基因分析表明,墨西哥系和危地马拉系这两个种群的形成,很可能是因为巨型动物将早期植物的种子传播到了具备有利于特定物种生长的生态条件的地区。而第3种,即西印度系,则很可能是中美洲人早期尝试培育的结果。在这3个种群的原始分布区域内,仍然有许多未驯化品种的树。它们的果实往往小而圆,而且种子相对果肉的比例相当高。这些未驯化的品种在属类上被称为克里奥罗(criollo)。克里奥罗牛油果大小通常如鹅蛋或火鸡蛋,在成熟前果皮就呈黑蓝色。这些品种可能是巨型动物食用和传播的牛油果。

墨西哥系牛油果在西班牙语中是"aoacatl"。这个种群生长在墨西哥中部热带和亚热带凉爽的高原地区,在海拔 2400 米以上生长得最好,那里的湿度和降

牛油果（鳄梨），乌干达，坎帕拉。

克里奥罗牛油果。

水量小于周围的低地。该地区的地理条件与更新世晚期气候类型的组合，帮助牛油果进化成一种理想的水果。根据现有的证据，我们可以得出结论：墨西哥系牛油果是人类最早食用的牛油果，它在中美洲的食用史甚至早于原住民有目的地开展的农业和园艺实践。

危地马拉系牛油果在西班牙语中是"*quilaoacatl*"。这是一种热带高原种群，比墨西哥系的生长环境更加温暖潮湿，在海拔 800 米至 2400 米生长得最好。

西印度系牛油果在西班牙语中是"*tlacacolaocatl*"，也被称为安的列斯系，在海拔 800 米以下温暖潮湿的热带和亚热带地区生长。它在海拔 400 米以下生长尤佳，但在上限海拔 800 米左右也能相对较好地生长。它是 3 个种群中在盐碱土壤里表现最好的，所以在国际贸易中更常见。因为目前在大多数商业品种牛油果的种植地区，果园灌溉导致的土地盐碱化已成为一个严峻的问题。

西印度系牛油果的单独分类命名法或许存在缺

陷。路易斯·O.威廉斯（Louis O. Williams）等植物学家认为只存在两个牛油果种群，即墨西哥系和危地马拉系。他们根据基因标记提出，西印度系牛油果属于墨西哥系牛油果。几乎没有证据表明西印度系牛油果的存在早于15世纪西班牙殖民者的到来。很可能是中美洲人将墨西哥系牛油果的种子带到了南美洲北部沿海地区和安的列斯群岛，或者说西印度群岛。有证据表明，在欧洲殖民者到来之前，南美洲、中美洲的大陆和岛屿之间存在以独木舟为基础的广泛的贸易网络。西印度系牛油果很可能是从中美洲大陆传来的，通过培育种子的方式人工选择的结果。人们根据生长情况和产出理想水果的能力，选择那些能够适应新气候条件的植物并再次种植。

从历史上看，牛油果可能只领先西班牙人一步到达安的列斯群岛和印加帝国。但是由于缺乏必要的历史和园艺背景知识，西班牙人认为他们发现西印度系品种的地方就是其原产地。这个种群被命名为西印度

一个上乘的西印度系牛油果，其种植地是墨西哥恰帕斯州塔帕丘拉市，果实重约 900 克。

系的依据,是探险家和征服者在群岛上遇见它之后提供的描述。

牛油果最初的全球传播归因于西班牙人。他们发现这种水果产量高、营养丰富,而且不和甘蔗等能够创收的作物抢占空间。所以常常把牛油果用作加勒比地区甘蔗种植园里的奴隶的食物。随着西班牙殖民地种植园模式传播到菲律宾等地,奴隶主也把牛油果带到这些地方用作工人的口粮。

牛油果与巨型动物

牛油果和更新世晚期的巨型动物协同进化。最早的牛油果与今天的克里奥罗牛油果相似,是中美洲草食性巨型动物的食物。牛油果种子的传播依靠草食动物,如巨型地懒、箭齿兽(形似河马的陆生动物)、嵌齿象(大象的四牙远亲)、巨型骆驼和巨型犰狳。这些动物都拥有巨大的体型。有位作家说巨型地懒的大小如

查尔斯·R. 奈特,《嵌齿象》,1901,纸本水粉。

帕维尔·里哈,《巨型犰狳》(雕齿兽),
数字渲染效果图。

同一辆高达 5.5 米的现代货车,能让一头现代非洲象相形见绌。即使体型最小的巨型地懒,也比一辆现代轿车大。这种体格的草食动物需要大量的食物来维持生存,更小的现代大象每日需要 90—180 千克食物。

鉴于树叶、禾草、莎草等多叶植物的热量质量比相对较低,大多数草食动物会寻觅其他类型的植物来获取更多的热量。良好的补充选择包括水果、坚果和块茎类植物。水果对于大多数动物具有吸引力,因为水果的糖分中含有能量。水果中的"佼佼者"也许会把比竞争对手进化出更多的糖作为策略,确保自己被吃掉,让食用者通过排泄物传播它们的种子。

果实小、种子小的植物往往大量出现于森林边缘或者生态交错带,即生态生物群落之间的边界地区。种子大的植物,例如牛油果,通常集中在森林深处。为了吸引动物冒险进入森林深处找到它们并食用它们,从而传播它们的种子,这些植物的果实的营养一般比种子小的果实更加丰富。著名的植物学家、科学探险家威尔逊·波普诺(Wilson Popenoe)在描述他寻找牛油果新品种的旅行时说,他在森林的边缘发现的牛油果变种最小,在树林更深处发现的样本更大。

　　达尔文提出,水果多汁的果肉和含糖能量是动物收取的"通行费",作为交换,动物帮助水果传播和生存。以牛油果为例,通行费是优质的能量和宝贵的植物脂肪。早期人类可能出于和巨型动物一样的原因被水果吸引。民族植物学家加里·纳卜汉(Gary Nabhan)在1987年第10届民族生物学会年度大会上提出,"巨型动物对水果质量的选择使水果们预先适应了人类的使用,所以(早期)新热带文明无须进行逆向选择①。"他认为巨型动物选择水果的方式和后来人类选择水果的方式可能大抵相同,也就是根据味道、热量和饱腹感进行选择,后来的人类在不同程度上无须对

---

① 逆向选择,因信息不对称而导致行为主体做出不利于自己的选择的现象。

水果的表型(外观或成分)做进一步的选择。

　　牛油果的进化一定是为了吸引现在已经灭绝的美洲巨型动物来为它传播种子,因为它的种子过大,任何现代野生哺乳动物或爬行动物都无法消化和传播。虽然人们曾观察到美洲虎食用并成功地排泄出牛油果种子,但它主要是肉食动物,对水果的食用及吸收能力远远不足。草食巨型动物的喉咙和消化道粗壮,可以吞下整个牛油果,这意味着种子在通过动物身体时很少受到损坏。牛油果的种子有轻微的毒性和通便作用,所以它们可能会较快地被排出,而且保持良好的状态。与果核一起被排出的一堆排泄物成为牛油果树苗便利的肥料来源。我们今天在非洲能看到类似的大型动物的行为。大象会"突袭"撒哈拉以南非洲的牛油果种植园,在那里食用牛油果并排泄出完整的果核。在中美洲,重新引进的大型动物,例如马和牛,在乡村活动时会食用成熟的牛油果并排出果核。这些行为是对其巨型动物祖先行为模式的历史再现。

植物在借助动物扩大种子传播范围方面相当狡猾，而牛油果发展出了一种独特的策略。植物学上用术语"内携传播"来描述动物食用植物的种子后，排泄出完好无损的种子，然后种子在沉积的地方生长的过程。这种方法的益处是能保持物种存活，如果种子在亲本旁边生长，幼苗则无力与亲本植物争夺光照和养分。就牛油果而言，它的内果皮（包裹着种子的果皮）是光滑的，有助于食用它的动物从消化道排出种子。而且内果皮味苦、有轻微毒性，所以动物不会去咀嚼果核，这使果核在沉积后能够成活。为了吸引传播者，就连牛油果的气味也发生了进化。牛油果的香气来自果实和花中的萜烯成分（芳香油），大麻属植物也具有这一特性。牛油果中的萜烯是巨型动物必需的营养素——中链脂肪酸存在的标志。

作家康妮·巴洛（Connie Barlow）在《进化中的幽灵》（*The Ghosts of Evolution*）一书中写道，牛油果属于"过度进化"。她说，牛油果为了通过嵌齿象等野兽

黑宝石牌牛油果板条箱美术设计。

超级水果
牛油果小史

的消化道而进化,而这一功能在今天没有用武之地。她写道:"因此,食品杂货店筐子里陈列的每颗牛油果都是一个停留在时间隧道里的生物。它适合的那个世界已经不复存在。牛油果的果实体现了一种生态时代倒错。它那已经消失的搭档是进化中的幽灵。"

这些草食动物的活动范围相当广泛,现代牛油果的祖先利用这些"动物传播代理者",从位于墨西哥中部亚热带高原的原产地,向南穿过今天的中美洲各国,甚至进入南美洲的最北端。牛油果传播进入的那些地区,气候都足够适宜种子生根发芽,而不同地区的差异开始促使鳄梨属物种形成。由此诞生了牛油果的主要表型,或者说种群。

更新世末期的美洲巨型动物灭绝后,牛油果失去了主要传播方式,果实会直接从树上掉落到地面。这是一种糟糕的进化策略,也无法解释早期牛油果的分布范围。更新世大灭绝影响了 70% 的北美洲巨型动物和 80% 的南美洲巨型动物。在幸存的草食动物中,体型足够大、能够食用牛油果并通过排便传播种子的只有马、美洲野牛和大象，但它们都没有出现在牛油果生长的地区。

牛油果曾经为了适应巨型草食动物传播者的需求而进化。正如巴洛所写，"13000年后，牛油果对大型哺乳动物的消失仍然一无所知。"在牛油果的主要传播者灭绝后，它只能等待一个新的传播者出现，来继续为它传播。更新世结束后，牛油果的巨型动物传播者全部灭绝，而牛油果的长寿特性却帮助它生存了下来，直到一种新的动物传播者出现，来帮助它走出困局。一棵野生牛油果树的寿命长达500年。美国南加州的一棵近100岁的哈斯（Hass）牛油果树仍然硕果累累，墨西哥中部亚热带高原上400岁左右的多棵野生牛油果树仍然在结果。巴洛继续写道，对于一个形成于几百万年前的物种，"区区13000年的流逝（自更新世大灭绝算起）还不足以耗尽鳄梨属的耐心"。

巨型动物的时代结束了，人类从亚洲大陆经由白令海峡大陆桥进入了美洲大陆，开始遍布美洲。无论巨型草食动物是因为被猎杀吃肉而死，还是因为无法再与人类争夺食物而死，它们的灭绝本应该标志着像牛油果这样的水果的终结。然而牛油果确实存活下来了，成为古植物学家 D. H. 詹曾（D. H. Janzen）与 P. S. 马滕（P. S. Marten）在 1982 年所说的"新热带时代倒错"的一个例子。

没有巨型地懒这样的哺乳动物把种子从亲本植物身上带走，牛油果种子常常会在掉落的地方腐烂，那些成活的幼苗将不得不与亲本果树争夺光照和养分，这不是一个理想的繁殖和生存策略。今天，牛油果种子的传播者是人类。毫无疑问，我们将影响牛油果未来的进化，就像更新世时期的箭齿兽那样。

早期中美洲人

如果没有另一种动物作为传播者，牛油果可能会渐渐从世界园林全景图中消失,会在墨西哥中部高原的小生态位中失去它的位置,无法变得更多产、更易运输、更甜或更美味。但是对于我们和牛油果来说的一个好消息是,牛油果种子的完美传播生物正在从亚洲沿着裸露的大陆桥南下到北美大陆,这种生物就是迅速扩张的智人。

解剖学意义上的现代人类于 7 万到 10 万年前走出非洲,开始迁徙。到大约 2 万年前时,他们已经遍布步行可以到达的所有大陆,甚至设法克服困难穿越了印度尼西亚群岛,迁入澳洲大陆。在 2 万年前的那个重要关口前后,一场名为"末次盛冰期"的事件导致海平面急剧下降,我们现在所称的白令陆桥露出水面,让人类能够从亚洲进入美洲,并开始向南扩张。大约 6000 年后,他们到达墨西哥中部亚热带高原并在那里定居。考古遗迹表明,在该地区有组织的文化群体发展早期,当地人就开始利用牛油果树的果实了。当早期的使用者把牛油果带回营地并丢弃苦味的果核时,人类作为牛油果的新任传播者确保了它的存活并扩大了它的传播范围。我们有证据表明，人类与牛油果的互动可以追溯到至少 9000 年前。在墨西哥普埃布拉州干燥的科斯卡特兰洞穴中发现的牛油果残骸，很可能是从该地区潮湿的峡谷中被带上来的。鉴于牛油果含有高脂肪、高热量和高蛋白，它对早期的中美洲人当然会有吸引力。

莫卡亚人被认为是中美洲最早的有组织的社会群体，也是最早开始栽培可可和玉米的群体。人们认为莫卡亚人说米塞-索克语，虽然"莫卡亚"在这种语言中的意思是"玉米人"，但有证据表明，牛油果等本土水果在他们的饮食中的重要性高于早期的小玉米。像莫卡亚人这样的最早的有组织群体，很可能代表了从漂泊的探险-开拓者向有组织的狩猎-采集者转变的前沿趋势。尽管对于那时的中美洲群体来说，向定居的园艺-田园社会的转变尚未发生，但我们猜测莫卡亚人等群体管理了天然牛油果林，以作为食物来源。

尽管没有证据表明莫卡亚人积极努力地栽培牛油果，但作为积极管理牛油果园的奥尔梅克文化和玛雅文化的前身，他们一定具备管理牛油果的重要知识。

同样把牛油果作为食物来源的还有小北文明（又名卡罗尔－苏沛文明），它是南美洲北部最早的有组织的文化群体。该群体的饮食可能更依赖红薯、南瓜和豆类，以作为主要营养来源，但考古发掘现场显示其牛油果消费量大于玉米消费量。人们在今天的秘鲁利马市北部瓦卡普列塔的祭祀土丘中发现了牛油果植物残骸，这一事实为说明牛油果对于小北文明的重要性提供了依据。詹姆斯·弗雷泽爵士（Sir James Frazer）在其著作《金枝》（*The Golden Bough*）中描写过秘鲁北部的印第安人为了让"鳄梨"成熟并变得更加美味而举办的一个节日：

这个节日持续 5 天 5 夜，在此之前他们斋戒 5 天，不吃盐和胡椒，也不与妻子同房。节日期间，男人和男孩们赤身裸体，在果园里的一块空地上集合，然后从那里跑向远处的一座山丘。他们沿途追上的所有女人都会被强暴。

在西班牙人到来的前100年，印加人征服了这个地区，那时牛油果已经在有人管理的果园里生长了。

奥尔梅克人、玛雅人和阿兹特克人是中美洲早期的高度有组织的社会群体。他们都把牛油果作为一种重要的食物来源，因此牛油果的图像和表示"牛油果"的字形在他们的石制品上出现的频率很高。在已经发掘的奥尔梅克遗址中，牛油果往往是数量最多的一种食物遗迹。在这些文化中，牛油果常常被当作"神的礼物"。考虑到牛油果易于生长、高营养价值和美味的优点，不难理解为什么牛油果是这些中美洲和南美洲早期文化群体最喜爱的一种食物来源。

这些群体沿着北美洲、中美洲和南美洲广阔的贸易路线传播牛油果，扩大了它的分布范围。可可、香草、南瓜、豆类、胡椒和玉米等有价值的植物也沿着这些贸易路线传播。这种持续的迁移和耕种产生的一个附带后果是植物的早期杂交。考虑到牛油果的杂合性，其主要种群的种质当然会发生混合，从而结出有价值的果实。考古证据表明，前哥伦布时期的果实在持续变大，说明那时人们一直在对水果尺寸进行选择。种植牛油果树并以此获得食物保障的人，在作出种植决定时，无疑会选择理想的特性。

牛油果在当时是一种重要的食物来源，让这些群体能够发展壮大和扩张。在最密集地种植牛油果的一些地方，当地当时的人口密度比现在更高，这证明了牛油果提供的营养的重要性。在他们的许多文化遗址发掘现场，牛油果是数量最多的生物残留物，这进一步支持了这一论点。

牛油果对于玛雅人来说极其重要。玛雅人的圣书《波波尔·乌》（*Popul Vah*）在讲述伟大的创世故事时提及了牛油果。在这个故事中，神用白色和黄色玉米面团创造出人类，并提供果树让他们维生。对于玛雅人和中美洲的其他群体来说，树木栽培是他们生存策略的一个重要组成部分。玛雅人很可能是最早栽培牛油果的群体，他们开始为了获得理想的烹饪特性而选择并种植果树，作为其森林生态系统的一部分。

雄伟的玛雅城市帕伦克的石棺雕刻上出现了牛油果树。最伟大的玛雅统治者之一，巴加尔大帝埋葬在帕伦克，他的石棺上雕刻着 10 棵不同的树，其中一棵是牛油果树。在这个牛油果树雕刻上，浮现着巴加尔的祖母卡纳尔－伊卡夫人的形象。玛雅人通常在自家周围种植树木，因为他们认为祖先会重生为树木，有时他们会在新坟前种植牛油果树。

伯利兹的普西尔哈镇有一座早期玛雅城市的遗迹。这座城市的标志是牛油果，就像现代的西班牙城市格拉纳达的标志是石榴一样。在当地已发掘废墟的许多石刻上都可以找到牛油果的字形，这座城市的统治者们被称为"牛油果之王"。

玛雅历，即现在所称的哈布历，是以季节性农产品为基础的。此日历的第 14 个"月份"是"牛油果之月"。对应的字形名称为"UUniw"或者"Uniiw"（有些资料认为这个月的名称是"K'ank'in"）。该字形在玛雅石刻中很常见，证明了牛油果在其文化中的重要性。

对于把首都设立在墨西哥特诺奇蒂特兰（今墨西哥城）的阿兹特克人来说，牛油果也相当重要。阿兹特克人的一座重要城市阿瓦卡特兰的名字含义是"盛产牛油果的地方"，其字形是一棵长着牙齿的牛油果树。阿兹特克的早期附属部落经常向首都特诺奇蒂特兰的领主进贡水果，而牛油果是最受欢迎的水果。牛油果是阿兹特克贵族的最爱。在他们的信仰体系中，牛油果赋予人们力量。同许多早期文化一样，阿兹特克人相信动物、蔬菜或水果的外形所具备的品质可以转移。他们认为这一时期的克里奥罗型小牛油果外形像一个充满活力的睾丸，因此吃牛油果可以让男人的

德布拉·格里斯科姆·帕斯莫尔，早期"墨西哥系"36号
品种，克里奥罗牛油果，1906。

睾丸也变得充满活力。他们还认为即将成熟的牛油果的香气是一种强大的催情剂,传说阿兹特克贵族家庭在牛油果采收期不允许妇女外出,因为担心牛油果的香气会刺激她们的欲望,让她们变得狂野放荡。

与西班牙人初次接触时,印加人已在食用牛油果,但和安的列斯群岛人一样,他们是在西班牙人到来的前夕吃到这种水果的。印加人在征服位于现在的厄瓜多尔中北部的卡罗尔 - 苏沛文明时获得了牛油果。君主图帕克·印卡·尤潘基征服了一个名叫帕尔塔(Palta)的地区,并将牛油果带回他的都城库斯科附近的温暖的山谷里。他们以产地的名字为这种水果命名。在现代秘鲁和厄瓜多尔,牛油果仍然被叫作"帕尔塔"。

西班牙人的接触与殖民时期

欧洲人刚开始与新大陆接触时,探险家们就描写过牛油果。欧洲人第 1 次提到牛油果是在 1519 年马丁·费尔南德斯·德·恩西索（Martín Fernández de Enciso）的游记《地理全书》中。恩西索对牛油果的描述是"外形像橙子，成熟时变为淡黄色，果肉像黄油，非常美味，口感非常好，是一种极好的水果"。

随后，费尔南德斯·德·奥维多（Fernández de Oviedo）于 1526 年写下了更详细的描述：

> 美洲大陆有一种树叫作梨树，但不像西班牙的梨树，尽管它们同样受推崇。更确切地说，这种水果具有的品质，比我们的梨子优点更多。这种树很高大，长着类似月桂树叶的阔叶，但是更大更绿。它结出的梨子重达 1 磅或以上，尽管也有轻一些的，颜色、形状和真正的梨一样，外皮更厚一些，但更柔软，果实的中间是一颗种子，就像去壳的板栗……种子和外皮之间是可食用部分，果肉很多，是一种很像黄油的膏状物，很好吃，味道也好。

奥维多描述的这种牛油果一定是当地原住民培育的品种，因为野生牛油果往往小得多，呈卵形，并且带一层薄的可食用的中果皮。

弗朗西斯科·塞万提斯·萨拉萨尔（Francisco Cervantes Salazar）1554年指出，阿兹特克首都特诺奇蒂特兰的市场普遍售卖牛油果。这一时期的作家们也提到了牛油果品种的多样性。托里维奥·德·贝纳文特修士（Friar Toribio de Benavente）写道："有些早熟品种长年遍布这块大陆，像早熟的无花果。其他品种的牛油果个头如同大梨，堪称新西班牙最棒的水果。还有一些品种的个头如同小南瓜，有的果核大、果肉少，有的果肉更多。"与最早的探险家和征服者同行的作家们记录道，从墨西哥中部到秘鲁北部以及加勒比海，多地都存在牛油果。

西班牙人对牛油果的早期描述使用了欧洲人熟悉的词汇。这些描述各不相同，比如说牛油果像无花果，像梨子但是比梨子更好；牛油果树是一种果实类似绿

比森特·阿尔万,《穿着特殊服饰的印第安妇女》,1783,
布面油画。

皮南瓜的大树，以及叶子类似橙树叶、果实类似无花果的橡树。早期的西班牙探险家们喜爱新大陆水果的味道，然而，和所有旅居国外的人一样，他们也想念故乡熟悉的食物。橄榄是西班牙人想念的水果之一。为了得到橄榄的替代品，他们把未成熟的牛油果切碎然后盐渍。

他们还用牛油果的果肉来催肥家畜，以供人食用，特别是催肥他们从西班牙带来的猪。佩雷·拉巴（Père Labat）是一位来旅行的法国神父，他见过猪吃从树上掉落的牛油果。他写道："这些动物因为食用牛油果而变得非常肥硕，它们的肉十分美味。"这种做法让人不禁想到用橡子喂养催肥伊比利亚猪，橡子为著名的伊比利亚火腿赋予了独特的味道。

在欧洲人书写的最早记载中，"阿瓜卡特"（aguacate）和"帕尔塔"这两个词语并用。17 世纪，贝尔纳贝·科博修士（Fra Bernabé Cobo）在其《印加帝国历史》（*Historia del Nuevo Mundo*）一书中写道：

"帕尔塔的皮很厚,比休达柠檬更柔软有弹性,外表呈绿色,果实完全成熟时容易剥皮。它的种子是我见过的所有水果中最大的,无论是在西印度群岛还是在欧洲。"他继续写道:"果肉绿中泛白、柔嫩,呈黄油状,非常绵软。有人加糖和盐吃,有人直接吃树上摘下来的原味果子,因为它的味道很好,不需要调味。"

第 1 个用英语提到牛油果的是一位名叫霍克斯(Hawkes)的商人,他游览了加勒比海,并于 1589 年写了一篇游记。他在描述牛油果时使用了"阿尔瓦卡塔"(alvacata)这个单词。1655 年,英国人从西班牙人手中夺走了牙买加岛,两年后针对这块新殖民地的一项后续调查显示,牛油果已在岛上被广泛接受和种植。1657 年,一份报道新殖民地牙买加的伦敦出版物告知读者,当地市场上在出售一种名为"阿瓦卡塔"(avacata)的罕见水果,并且将牛油果描述为"一种可口的水果,8 月上市,每个售价为 8 便士"。

1672 年,威廉·休斯(William Hughes),西印度

何塞·阿古斯丁·阿列塔,《静物》,1870,布面油画。

群岛英国舰队的一位随行医生,到访牙买加岛并写下了第 1 段关于牛油果的英语详细描述。在其著作《美洲医生:关于美洲英国种植园中的根茎、植株、树木、灌木、水果、草本植物等的专著》中,他写道:

> 这种树相当高,树形开展,树叶光滑,呈淡绿色;果实似无花果,但外表非常光滑,体积大如巴梨;呈褐色,中间一颗果核大如杏子,但又圆又硬且光滑;外皮好像一种贝壳,类似藤壶,但不那么坚硬;而中间物质(我指的是果核与外层硬皮之间的部分)非常绵软柔嫩,几乎和适度烘烤的皮平(苹果点心)的果肉一样柔软。

休斯接着说,牙买加人称它为"西班牙梨"或者"壳梨"。他认为,叫作壳梨是因为它的硬壳果皮,也是为了区别于欧洲梨(或者说甜梨),欧洲梨的果皮柔软且可食用。休斯认为它是"牙买加岛上最珍贵、可口的水果之一,具有滋养强健身体、巩固生命元精的作用"。他指出，西班牙人在食用一种早期形式的牛油果酱，"取出果肉，浸渍在一种方便的液体中，然后加一点醋和胡椒食用……那是很美味的一餐"。在一个体现早期种族中心主义思想的段落中，他推测西班牙人如此热爱牛油果的原因，是它能够"极其有效地促进情欲"。英语中另一次很早地提及牛油果的情景，是日后成为美国总统的乔治·华盛顿 1751 年在西印度群岛旅行时，在一封寄往美国的信中写道："阿沃加戈梨（avogago）在巴巴多斯非常受欢迎。"关于旧大陆种植牛油果树的第 1 条记述则出现在 1601 年的西班牙巴伦西亚省。

牛油果在殖民时期迅速风靡各地，尤其是在西班牙的殖民地。一种富含能量且易于种植的食物，自然会吸引殖民地领主，以将它作为廉价的素食来养活其殖民地奴隶。牛油果树可以种在甘蔗种植园的边缘，用来养活在甘蔗田里劳作的奴隶，而且不会占用高利润的甘蔗作物的地盘。在欧洲人到来之前，牛油果甚至已经沿着中美洲和南美洲的太平洋海岸、亚马孙河及其几条支流传播到圭亚那和委内瑞拉的沿海地区，直至安的列斯群岛。到 16 世纪末，牛油果已经抵达遥远的菲律宾；18 世纪末，到达亚洲和非洲大陆；19 世纪初，在夏威夷、澳大利亚和加那利群岛颇具规模；20 世纪初，牛油果被移栽到摩洛哥和巴勒斯坦，自此在地中海盆地西班牙以外的地区获得"据点"。

牛油果到达美国

1833 年，亨利·珀赖因（Henry Perrine）第 1 次将牛油果带到了美国大陆。他是一名医生，曾在墨西哥坎佩切担任领事，同时也是一名狂热的园艺爱好者。他认为自己在墨西哥南部见过的许多热带植物，在他居住的佛罗里达州（以下简称"佛州"）都具有商业潜力。他带回的牛油果树似乎是墨西哥系或危地马拉系品种，也可能是二者的杂交品种。那些树在他位于佛州南部印第安礁岛的家中发荣滋长，但是后来他在岛上的一次美国原住民袭击事件中丧生，那些树在相当长的一段时间内无人接手。直到 20 世纪初，佛州才开始再次种植牛油果树。当时人们从古巴带回牛油果树苗，并在佛州南部种植，取得了不同程度的成功。当地人叫它"鳄梨"（alligator pears），这个俗名沿用至今，但是却遭到牛油果营销人员的憎恶。

虽然珀赖因的果树没能存活，但他开创的繁殖方法却得以流传，这是他对美国牛油果产业最大的贡献。珀赖因开发的牛油果枝接或芽接技术，是目前使用的主要繁殖方法。这个过程快捷又可靠，而且嫁接的树比播种长出的树能更快挂果。嫁接得到的每棵树都是纯种的，不会像由种子长成的树那样产生"基因轮盘赌"。目前除了以研究为目的而种植的幼苗，全球几乎所有的牛油果树都是通过在适宜的砧木上芽接所需的品种而得到的。

珀赖因引进的两个品种为特雷普（Trapp）和波洛

克（Pollock），在潮湿的热带低地被广泛种植。特雷普不适合在加利福尼亚州（以下简称"加州"）生长，虽然加州日后会成为美国最大的牛油果产区。但是特雷普非常受推崇，农业科学家威尔逊·波普诺在他的自传中回忆道："我们当时想要一个加州'特雷普'，一个具有良好商业特性的牛油果品种，从圣迭戈到圣巴巴拉都可以种植的品种。"

在加州的牛油果产业建立之前，美国人消费的大部分牛油果产自佛州，然后被运往纽约、费城和巴尔的摩等东部大型农产品中心销售。如今，佛州的牛油果产量远远小于加州，但佛州种植的牛油果仍被运输到东部各中心城市，那些市场的消费者很可能会见到更多样的牛油果品种，而美国其他地区的消费者几乎只能见到哈斯牛油果。佛州的牛油果产量约占目前美国牛油果总产量的20%，然而随着最适合种植牛油果的土地被房地产开发商吞并，佛州的牛油果市场份额正在萎缩。尽管如此，早期佛州种植者作出的贡献为现

一个发芽的牛油果。

代全球牛油果产业奠定了基础。

人们也许会认为，当西班牙人自墨西哥向北迁徙，定居现在的南加州时，会把牛油果这样有价值的植物带到加州，然而没有证据支持这种情况。1769年，方济会的修士们开始在当时名为阿尔塔加利福尼亚的地方建立布道所，进而建立教会并发展传教士，一直持续到19世纪中叶。有人认为，由于西班牙语国家民间传说认为牛油果是催情剂，正派的修道士们不希望他们的园艺组合中出现牛油果。无论出于什么原因，直到100多年后牛油果才出现在加州。

牛油果到达加州

加州最早引进牛油果的情景，发生在1856年托马斯·怀特（Thomas White）博士位于圣加布里埃尔附近的农场。怀特是加州农业协会的成员，这是一个成立于1854年的私人团体，事实上行使了加州农业委员会的职能,直到 1919 年加州食品和农业部的成立。怀特的树苗来自尼加拉瓜,很可能是西印度系品种(需要低地、潮湿的环境),因此无法在加州干燥的气候条件下生长。1871 年,R. B. 奥德(R. B. Ord)法官获得一些来自墨西哥中部的耐寒样本,其中两棵树在他位于圣巴巴拉的农场茁壮成长,产出了大量的果实。这是加州现代牛油果产业的开端。

从一开始,牛油果对于种植者来说就是一种收益可观的作物。据报道,牛油果 1905 年在加州的售价为每个 30 至 50 美分。那一年美国工人的平均时薪为 22 美分,所以牛油果确实是一种奢侈品。大约同时期,英国农业和食品部报告,"阿沃加多梨"在伦敦市场的售价在 1 先令到 1 先令 3 便士之间,相当于 2019年的大约 4 英镑。想必在英国,牛油果是只有殷富人家才能享用的珍馐美味。

牛油果在南加州似乎态势向好,然而直到 20 世纪20 年代之前,厨师们想要使用牛油果,多半需要从墨

小牛油果。

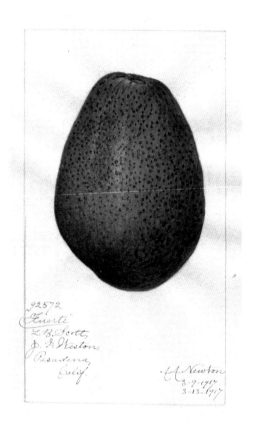

阿曼达·阿尔迈拉·牛顿,《富尔特牛油果的外部》,1917。

超级水果
牛油果小史

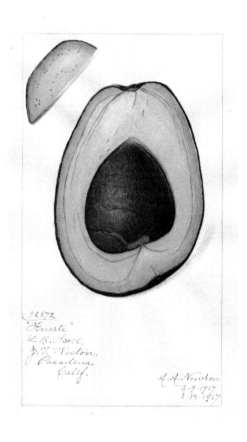

阿曼达·阿尔迈拉·牛顿，《富尔特牛油果的内部》，1917。

西哥进口。最常见的来源是普埃布拉地区的市场。洛杉矶运动俱乐部的厨师是 20 世纪初最早的牛油果使用者和推广者之一。他把从墨西哥带来的牛油果种子保存下来，交给了威廉·赫特里希（William Hertrich），后者进行播种并利用长出的幼苗在加州圣马力诺的铁路巨头亨利·亨廷顿（Henry Huntington）的庄园里培育了一片果园。庄园里的亨廷顿宅第现在是著名的珍藏本书库——亨廷顿图书馆所在地。那里的庭院是一个植物园，现在仍有昔日果园的些许遗迹。1913 年发生了著名的"1913 年寒潮"，这场灾难对南加州全境的园艺造成了巨大的破坏。整个地区的牛油果遭到摧毁。富尔特（Fuerte）是少数几个幸存并茁壮成长的牛油果品种之一，由园艺探险家卡尔·施密特（Carl Schmidt）从墨西哥阿特利斯科带回。

到 20 世纪初，南加州出现了几家牛油果苗圃。名气最大的是位于阿尔塔迪纳的西印度花园，牛油果产业的传奇人物威尔逊·波普诺就是在这里通过帮苗圃的主人（他的父亲）芽接牛油果树开启了他的事业。波普诺一家认为牛油果在加州前景光明。1911年，老波普诺派遣儿子和一位名叫卡尔·施密特的助理苗圃工人前往墨西哥中部，收集可能适合在南加州生长的样本，其中一个样本就是富尔特。它在西班牙语中的意思是"强壮"，取这个名字是因为这种牛油果在大寒潮中表现出的强大的耐寒力。一位名叫约翰·惠登（John Whedon）的种植者，由于订购的其他品种未能在大寒潮中幸存，勉强接受了波普诺的50棵富尔特牛油果树。惠登在加州的约巴林达市种植了这些树苗，后来那里成为加州首个种植富尔特牛油果的商业果园。惠登的富尔特牛油果大获成功。这种水果很受厨师的欢迎，洛杉矶和旧金山的酒店包揽了他产出的大部分牛油果，价格高达12美元一打，大约相当于2019年的8美元每个。由于果实质量佳、耐寒力强，惠登能够以2.5美元的价格出售嫁接枝条，每年仅靠销售接穗就有6000美元入账。

AVOCADO GROVES, SAN DIEGO, CALIFORNIA—6S

加州圣迭戈的牛油果园，20 世纪初。

超级水果
牛油果小史

到 1940 年，富尔特的产量占加州牛油果总产量的 75%。富尔特是加州首个具有重要商业价值的牛油果品种，并且多年保持着卓越的标准。它迅速传播到全球各地，并催生了地中海及南半球的牛油果产业，至今仍然是重要的经济作物。但如今它只占加州牛油果商业生产的 2% 左右，被当作小众产品或者特产。

尽管富尔特在全球牛油果产业中仍然很重要，但是在加州和墨西哥，基本上已经被无处不在的哈斯取代了。哈斯是当前国际贸易中的头号牛油果品种。哈斯牛油果是墨西哥系和危地马拉系牛油果偶然杂交的结果，其发现者是加州拉哈布拉海茨的一位名叫鲁道夫·哈斯（Rudolph Hass）的邮递员。哈斯原本对危地马拉品种莱昂（Lyon）感兴趣，1926 年，他播下 3 颗种子，作为莱昂的砧木。其中两棵树嫁接成功，而第 3 棵树失败了。他忽略了第 3 棵树，但它继续生长。他甚至多次把树砍断，但每次它都会长回来。哈斯请了一位名叫考尔金斯的专业果树嫁接师来评估这棵树，并去除表现不佳的砧木部分。考尔金斯对哈斯说，既然这棵树如此顽强，不如放任它生长。不久后，这棵树结出一颗怪异的果实，外皮凹凸不平，成熟时变成紫黑色。那时商业上最成功的品种富尔特牛油果外皮光滑，而且成熟时保持绿色不变黑，所以这个新品种不符合当时的商业预期。

因此，哈斯没有给予这棵奇怪的树太多关注，但他的孩子却为之疯狂。在孩子们的催促下，他品尝了这颗牛油果，发现它有一种特别的奶油质地，还带有怡人的坚果味。随着果树渐渐长大，它提供的果实远远超出了哈斯一家人的消费量。于是他开始把多出的牛油果出售给邮局的同事，也在帕萨迪纳模范食品杂货商店售卖，最后他在果园里设立了一个售货亭。哈斯牛油果的名气增长缓慢，但它最终在加州博览会上获得了蓝丝带奖。其油脂含量高（18%），并且留树能力强、延长了采收期。这些优点加上独特的坚果风味，使哈斯获得了其他种植者的青睐。

92928
"Lyon" Tree #3/21
L. N. Scott
S. Pasadena, Calif.

Mary D. Arnold
4-17-17

玛丽·黛西·阿诺德，莱昂品种牛油果，1917。鲁道夫·哈斯
试图种植该品种时偶然发现了哈斯品种。

AVOCADO

Filed April 17, 1935

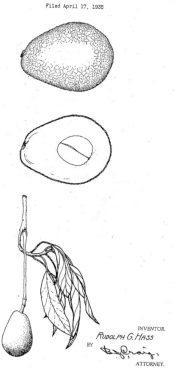

INVENTOR.
RUDOLPH G. HASS
BY
ATTORNEY.

哈斯原始植物专利, 1935 年 8 月 27 日。

超级水果
牛油果小史

1935年，鲁道夫·哈斯为这种果树申请了专利（专利号139），使之成为美国第1种拥有植物专利的树。他与加州文图拉的布罗考苗圃合作销售新树接穗。尽管哈斯牛油果后来成为世界头号品种，但是哈斯本人一生的专利使用费收入不足5000美元。问题在于种植者们只购买一棵树，然后自己嫁接到砧木上以规避专利费用。哈斯一直没能赚到足够的钱以辞去邮局的工作。1952年，60岁的哈斯去世，同年，哈斯牛油果的专利到期。位于拉哈布拉海茨的最初的哈斯牛油果园，后来被分割成多个地块用于开发住宅项目，那棵原始母树继续长在建房地块的前院花园里，最终于2002年因根部腐烂而死亡。于是，这棵树被砍倒，木材存放在布罗考苗圃，偶尔被用来制作牌匾，以纪念牛油果产业的重要人物。

1915年，加州商业牛油果种植者成立了加州"阿瓦卡特"协会，旨在为这种独特的水果提供"栽培、生产和营销方面的改进建议"。然而，最初的营销和分销工作零散无组织。同年,该协会在洛杉矶一家新建的豪华酒店——亚历山德里亚酒店召开了一次会议。这家酒店曾经是新兴的电影产业的中心。查理·卓别林在那里住过一些日子,汤姆·米克斯、道格拉斯·范朋克、玛丽·碧克馥和大卫·格里菲斯就是在这家酒店的餐厅里会谈,创建了著名的联合艺术家工作室。据说当时米克斯骑着马进入大厅来赴会。

协会的首要任务是想出一个通用的名称,让所有的种植者以该名称销售这种水果。此前,牛油果在销售中使用过包括阿瓜卡特(aguacate)、阿瓦卡特(ahuacate)和鳄梨(alligator pear)等多个名称,从业者认为这种做法阻碍了牛油果的商业增长和接受度。种植者们起初认为墨西哥名字阿瓜卡特是最佳选择,但是考虑到美国当时的种族环境,水果销售商反对采用墨西哥名字,原因是这个名字会把市场限制在拉美裔,该群体无力支付牛油果种植者期望的高昂价格,还会让人对牛油果产生负面联想,因为墨西哥人是南加州不受欢迎的少数族裔。种植者们尤其讨厌鳄梨这个别名，认为对于他们想要推广的高档豪华水果来说，这个名字过于乡村和土气。该协会早期的一场会议提议，对以鳄梨这个名称销售牛油果的会员征收罚款。牛油果种植者交易所后来在向分销商和销售商发布的一篇文章中质问，"为什么牛油果作为樟科的高贵成员，要被称为鳄梨？"文章还说，"这实在令人费解。事实上，牛油果和一只鳄鱼、一对鳄鱼或者被鳄鱼误当作梨的任何东西毫无相似之处。鳄梨这个词语正在毁掉这个行业。"

在 20 世纪初的美国，"鳄鱼"（alligator）是一个俚语词汇，用来表示一文不值。小偷被称为鳄鱼；那些去黑人爵士俱乐部偷师的白人音乐家，被非裔美国乐手称为鳄鱼。对于想把牛油果卖出高价的销售商来说，"一文不值"和"偷窃"的暗示将违背他们的意图。这可能是加州早期牛油果种植者坚决反对鳄梨这个名称的另一个原因。

美国农业部和美国果树学会率先采用了"牛油果"（avocado）一词。美国果树学会成立于 1848 年，是一个以促进美国商业水果种植产业发展为目标的组织。1915 年亚历山德里亚酒店会议现场的种植者们选择了这个名字，据说是因为它听起来"墨西哥色彩不那么浓"，而且比阿瓜卡特，或者阿瓦卡特等词更具有欧陆风情。20 世纪早期的流行词典中不存在"牛油果"这个单词，更名后的加州牛油果协会的首要工作之一是联系词典出版商，请他们在以后的修订版中收录这个单词，同时指出其复数形式是"avocados"，而不是"avocadoes"。

1924 年成立的加州牛油果种植者交易所，是第 1 个牛油果联合营销分销合作社，该集团在加州弗农市购置了一个仓库及包装车间。1926 年，他们开始将合作社成员的牛油果冠以卡拉沃（Calavo）品牌销售，次年，合作社正式更名为卡拉沃种植者公司。目前，该公司代表了南加州最大的 2600 位种植者联盟的利益，可能是牛油果行业最强大的非政府营销力量。

从成立之初，卡拉沃种植者公司就在《纽约客》和《名利场》等当时的奢华杂志上刊登广告。此外，他们向美国各地的美食作者邮寄菜谱以推广牛油果。在那个重视烹饪技巧的时代，牛油果的推广重点是其优雅与奇异的特性。种族色彩被淡化处理，直到20世纪六七十年代墨西哥食物风靡美国时才被再次提及。在墨西哥美食崛起之前，在某种程度上，牛油果在美国仍然是一种地方性食物，主要消费人群集中在对拉丁美洲食物接受度高的地区。

20世纪70年代同时崛起的还有一种名为"加州美食"的新概念。这种新颖、新鲜的地方菜式烹饪风格最著名的倡导者是艾丽斯·沃特斯（Alice Waters），她于1971年在加州伯克利市开办了帕尼斯之家餐厅。其他厨师随即效仿她，不久之后，加州率先掀起了"从农场到餐桌"运动。厨师们想做出接近家乡味道同时又特别的食物，对他们来说，牛油果是一个完美的

加州牛油果包装工厂，1960。

超级水果
牛油果小史

选择，成为这种新美食的代表。牛油果被用于制作三明治和沙拉，以及厨师们发挥创造力制作的多种其他菜品。

　　与此同时，寿司开始出现在加州的日裔聚居区之外。现代寿司风潮开始以来，牛油果一直是一种受欢迎的食材。据说在美国和加拿大很难买到优质的金枪鱼中腹肉和大腹肉。金枪鱼在日本的市场能卖出最好的价格，所以大多在日本出售。一位具有开拓精神的厨师想到，黄油质地的牛油果也许是紧俏的金枪鱼腹肉的最佳替代品。他开始把牛油果和蟹味棒一起使用，发明了加州卷（实际上他在加拿大不列颠哥伦比亚省，或许他认为加州卷比温哥华卷听起来更时髦）。结果加州卷大获成功，成为现代寿司菜单上的核心产品。

　　牛油果高昂的售价是推动20世纪20年代南加州地产繁荣的一个重要因素。房地产推销员宣称，任何人都可以搬到南加州，购置几英亩土地，只消几年就能

加州卷，一种用蟹味棒和牛油果制作的流行寿司卷。

超级水果
牛油果小史

以"水果大亨"的身份退休。一份广告册写道："牛油果不只是一种餐后水果或者风味酱料。它是一种健康的水果，它非凡的特性让人充满活力、焕发青春。"另一份广告册声称："种植牛油果，您将为子女留下一堆'绿色黄金'健康遗产。"1924年的一本宣传册计算了1英亩牛油果树的收益，并得出结论："在1940年之前，您就能过上富足的生活。"

20世纪30年代大萧条之前，农业曾经是加州经济的支柱产业。那个时期的加州历史是一段关于大规模营销活动的历史，目的是让加州水果进入美国各地的厨房，包括家庭厨房和商业厨房。现代美国健康食品运动在20世纪20年代迎来了第1个受人瞩目的重要时刻，当时房地产和日用品营销人员将南加州宣传为"新的富饶之地"。19世纪末到20世纪初，关于维生素等有益健康的食物成分的研究达到了顶峰。此外，卫生和营养等公共健康领域实现了跨越式发展。大众媒体对上述领域进行了大量报道，这些话题引起了民众的兴趣。只要吃正确的食物，所有人都能拥有健康的体魄。如果那些宣传册可信的话，那么南加州的气候和农产品就是阴郁的美国大众需要的良方。

2

牛油果的种植

虽然大多数西方国家把牛油果当作一种蔬菜，但是在植物学上它是一种水果，即花的子房发育成熟后形成的肉质果实，有一个或多个种子。牛油果是一种特别的水果，它不甜也不酸，而酸甜是水果最常见的两个特性。此外，它的蛋白质和油质含量也很高。

果实可以分为干果和肉果。坚果和豆类是干果，牛油果是肉果。肉果又分为核果和浆果。核果是指内部有可区分的内果皮的果实，虽然牛油果符合核果的专业定义，但大多数植物学家仍将它归类为浆果，因为它的内果皮"既不硬也不是石质"，并且厚度不足2毫米。所以牛油果被归类为单籽浆果。

牛油果的繁殖方式在植物界中属于较为复杂的。牛油果树拥有所谓的完美花朵，即雌雄同体花。它们第1天开花时，所有的花都是雌花。第2天开花时，所有的花都是雄花。牛油果树品种分为 A 型花和 B 型花。A 型花第 1 天上午开放时是雌花，第 2 天下午开放时是雄花。B 型花第 1 天下午开放时是雌花，第 2 天上午开放时是雄花。种植者需要让互补的 A 型花和 B 型花彼此邻近，以获得最高的产量。如果一个地区的所有果树都来自同一个繁殖亲本（这种情况很常见，哈斯在加州种植的牛油果中占比约 90%，在其他地方种植的牛油果中占比约 85%），那么果园里的所有花可能同时是雌花或者雄花，这减少了有效受精的机会。

牛油果的花雌雄蕊异熟，这一事实让它的繁殖变得更加复杂。这表示它的雌蕊和雄蕊的性成熟时间不同。如果你的果园里种植了多个品种，你应该为接受花粉的雌蕊品种搭配足够多的准备授粉的雄蕊品种，以确保受精和坐果。然而如今的商业牛油果园里只种植哈斯牛油果，所有的树拥有相同的基因，能否坐果具有不确定性。牛油果树确实有自花授粉的可能性，但是种植者不会轻易拿自己的生计去冒险，因此他们使

牛油果的花。

用各种策略确保授粉。

牛油果树最常见的繁殖方式是将理想的亲本的枝条嫁接到选中的砧木上,砧木的选择标准是能够适应当地的土壤条件或抵抗常见的虫害、病害、疫霉根腐病。要先将这些树种植在苗圃里,大约一年后确保嫁接成功后再向果园主出售。

由于哈斯牛油果受到消费者的垂青,所以它是迄今为止产量最大的品种。凭借富含脂肪、奶油质地和淡淡的坚果味等优势,哈斯在市场上几乎独领风骚。它便于运输;果型够小,可分一两次食用完;生长季节长,可以长时间留树等待种植者采摘;并且果实在大小、形状、颜色方面的一致性非常高。《时尚先生》杂志称之为牛油果中的可口可乐,是衡量所有牛油果品种的标杆。因此,哈斯的市场地位在短期内几乎无法被取代。那些希望通过出口牛油果获利的国家大多会种植哈斯,而不考虑其他品种。

今天,因商业牛油果生产中的基因多样性不断降低而导致的牛油果种质数量减少令人担忧。由销售商选择若干个水果品种作为最合适、最畅销的品种，这是一个常见的模式，牛油果也遵循这个模式。在一些品种走俏的同时，另一些品种，通常是种植区域有限或者仅在当地有吸引力的传统品种，变得濒危甚至已经消失。随着全球各地越来越多的种植者舍弃适合当地的品种，转而种植哈斯以获得出口收入，新种质的数量和基因多样性都出现了降低。这种现象有可能会成为一个严重的问题，因为哈斯已在墨西哥地区被广泛种植，而墨西哥是牛油果基因多样性和种质多样性最丰富的地方。由于自然环境下的牛油果种质受到的威胁日益增加，种质的最佳新来源或许是植物学家和果园学家用种子培育的果树。此外，"购买本地产品"和"慢食"运动试图通过推广更适合当地的品种去减缓这种趋势，但是运动进展缓慢，因为这些品种不具备消费者喜欢的哈斯的特性，大众销售商不愿意为它们投资。除哈斯以外的大部分牛油果品种成熟时会保持绿色，而

哈斯牛油果成熟的 3 个阶段。从左到
右：未成熟、即将成熟、可食用。

消费者已经接受过哈斯的训练,期待它们能够在完美成熟阶段变成黑紫色的牛油果。但这并不是一个无解的难题。大多数美国食品杂货店里一度只有红元帅(蛇果)和黄元帅(金冠)两种苹果,而现在,大多数市场随时都有 10 到 20 种苹果在售,各种不同的苹果都获得了顾客的喜爱。

虽然公认的牛油果品种有 500 余种,但是商业种植的只有少数几种,而哈斯是这些少数品种里目前种植最广泛的。我们对任何一种牛油果品种的系谱知之甚少。目前的基因检测方法能够告诉我们某个指定品种含有 3 个(或 2 个,取决于你对西印度系种群的立场)主要种群中的哪种基因,然而除此之外,几乎无法提供更多信息。加州大学推广服务中心的研究人员表示:"任何试图把现在的品种放进一张简明的系谱图的想法都过于乐观。每一株幼苗都是其亲本双方的基因组的重组版。和许多主要作物不同,我们现在的大多数牛油果品种包含复杂的基因多样性,让实际育种变得非常困难。"在目前的育种项目中,用种子种植的牛油果树大约有99%由于未表现出商业潜力而被摒弃,而在仅剩的1%中,大部分也会在进一步试验后被淘汰。种植的树木只有极小部分具备足够的潜力用于深入研究。尽管如此,牛油果育种项目仍然在继续,人们期待诞生一个新的王牌品种,成为下一个哈斯。加州大学河滨分校牛油果育种项目的负责人玛丽·卢·阿尔帕亚每月举办一次品尝会,测试新形状、大小、口味的牛油果,希望找到这样的新品种:既要克服牛油果生产商现在面临的部分环境和地理限制,还要征服那些习惯认为哈斯是唯一可口品种的消费者。

基因改造或许是牛油果的未来。牛油果要想获得商业上的成功,需要兼具种植者和消费者想要的特性。它不仅要美味,还必须拥有恰当的口感、颜色、耐贮性,能够承受机械化商业包装技术,并且必须易于运输。同大多数粮食作物一样,对牛油果作物来说最大的威胁是病害和虫害。普遍种植的哈斯非常容易感染镰刀

加州牛油果园的开花期。

牛油果树幼苗。

菌梢枯病——一种由昆虫传播的真菌引起的病害。感染这种真菌的树木会发生大规模枝梢枯死，造成严重的果实损失。通过融合像富尔特这样的抗梢枯病品种的遗传特质与哈斯的食用特质和成熟特质，植物学家或许能够培育出一个令消费者满意并且在果园里病虫害问题较少的品种。

牛油果树的栽培

牛油果树苗定植后有可能成长为多产的果树。在条件一般的年份，一个成年树果园每英亩每季可以产出多达 2720 千克的牛油果。在各方面条件适宜的年份，一个果园每英亩可以产出多达 5440 千克的牛油果。一棵健康活跃的成年牛油果树每季可以产出多达 4000 个牛油果。当地理和气候条件适宜时，牛油果树长势好并且多产。但是它对温度和湿度相当挑剔。牛油果树的生长环境需要具备无霜的气候和适宜的湿度。为了结出丰硕的果实,果树需要消耗大量的水,而为了避免根部腐烂,果树又要迅速排出未被树木吸收的水。

在需要灌溉的地区,每棵牛油果树每星期消耗多达 1700 升的水。而数量并不是唯一的问题。牛油果树对于水的挑剔程度堪比"超模"。墨西哥系和危地马拉系对水的含盐量非常敏感;西印度系的耐盐性比另外两个种群高得多,它也许会是牛油果栽培的未来,因为加州、澳大利亚及新西兰、地中海等主要种植区的土壤由于过度灌溉已经出现了盐碱化现象。

温度是牛油果种植中的另一个重要问题。低温和霜冻不仅会导致果实死亡,也会导致果树死亡。即使温度没有达到冰点,许多品种在温度接近冰点时就会落果。富尔特是第 1 个在加州广泛种植的牛油果品种,因为它的抗寒力最强。哈斯取代富尔特并得以广泛分布的一个原因,就是它可以承受温和低温环境下的短时间暴露。

受到霜害的牛油果园，以色列。

牛油果园里的幼龄树, 加州。

在牛油果的种植中，风也是一个重要影响因素。多风对牛油果树有害，因为风会降低果园的湿度水平。牛油果树的正常生长需要一定的湿度水平，尤其是在开花和授粉季节。全球知名的几种春季强暖风，例如加州的圣塔安娜风、以色列的夏拉夫风和南非的山风，会对牛油果作物造成严重的破坏，因为它们降低了牛油果产区的湿度。强风也会造成破坏，因为牛油果树木质相对脆弱，容易折断。

牛油果和香蕉、梨、番茄一样，都是呼吸跃变型水果。这些水果能够在树上熟透，但是先采摘、后熟透的品质更佳。从树上掉落的牛油果会在地上开始熟化，因此，牛油果的采摘时间是它成熟但未熟透时。成熟度是根据比重读数或油量测量值来确定的。对于大多数商业生产品种，理想的比重读数为 0.96。油量的测量方法根据品种而异，但是对于许多商业品种来说，理想的含油量水平为 5% 至 15%。

牛油果为种植者提供了一个好处，不同于大多数木本水果，它成熟后可留树贮存许多个星期。因此种植者可以分批采收，这也有助于解决劳动力问题，因为牛油果仍然几乎全靠手工采摘。然而，留树时间太长会让牛油果多筋而老韧，这在消费者的评价中是非常负面的两种特征。有这两种缺陷之一的牛油果通常会被送往果酱厂，加工成牛油果酱等其他形式。牛油果留树时间太长还会导致次年果树减产，所以种植者倾向于尽快采收。

虽然牛油果在商业冷库中能保持良好的品质，但一旦回到室温环境，通常会迅速成熟。这是因为促使牛油果成熟的酶的代谢率很高。一旦酶开始工作，牛油果会快速经历未成熟—成熟—过熟—腐败的一系列过程。阿皮尔科技公司开发了一种极薄的植物性半渗透膜（肉眼基本不可见），可喷附在牛油果的外皮上。薄膜阻隔了这些酶代谢所需的大部分氧气，减缓了成熟过程。以这种方式处理过的牛油果在架时间更长，有助于分销商和食品杂货商解决损耗问题，不过牛油

084

果园里即将成熟的牛油果。

果在消费者厨房里的成熟时间也变长了。

由于细胞分裂作用，牛油果留树越久，长得越大。超过一个临界点之后增长放缓，但还会继续长大。一颗牛油果从受精到成熟期间，体积会增加30万倍。这对种植者来说未必是一个显著的优点，因为大部分卖家只想要小果。但是在欠发达国家，许多小农户在牛油果树的帮助下获得食物保障。能够在树上保存果实，并且果实体积增大的同时品质损失很小，这对他们是一个显著的优点。大多数栽培品种牛油果的重量在113克到1.8千克之间。全球最大的牛油果出现在夏威夷，重量超过3.6千克。牛油果因其大果核而闻名，不同品种的牛油果种子占果实重量的比重为10%—25%。

牛油果最新的市场品种是鸡尾酒牛油果（cocktail avocado，又称手指牛油果）。英国玛莎超市等商家在冬季假期出售这种长度为5—8厘米的细长水果。它没有果核，100%可食用，包括果皮。它是在生长过程

086

无核的鸡尾酒牛油果与常规尺寸的牛油果。

中未形成种子而产生的一种性发育不成熟的牛油果。果实在达到通常情况下应该开始形成果核的尺寸后，就停止生长。在牛油果贸易中，它被叫作"黄瓜"，过去人们认为它一文不值，所以经常把它丢弃在果园里。现在人们拾取它，作为鸡尾酒牛油果推销，并且高价出售。英国《独立报》指出，鸡尾酒牛油果可以降低"牛油果手"，即降低人们在手上而不是砧板上切牛油果导致手部被割伤的发生率，这种情况在医院越来越多见。由于进入急诊室的"牛油果手"患者数量与日俱增，英国整形重塑与美容外科医生协会呼吁在牛油果上面粘贴安全警告标签。最著名的"牛油果手"患者是梅丽尔·斯特里普，她于2012年在纽约苹果商店的一次专题讨论会上展示了自己的伤口。

成熟的牛油果被采摘后，在略低于4摄氏度的环境中贮存或运输，这样可以在送达商店之前延缓牛油果的进一步成熟，商家会将牛油果陈列在室温环境下，成熟过程由此继续。有些商家，特别是面向消费者销售的批发商,使用注入了乙烯气体的"催熟室"让牛油果加速成熟以用于即食。毕竟大多数餐厅和食品杂货店的消费者希望购买能够即食的水果。牛油果的食用品质,即果肉的奶油质地和油质口感,以达到一定成熟标准后立即采摘的为最佳。此时的牛油果硬度高,也有利于承受采收后的加工和运输过程。

牛油果生产中的生态平衡

墨西哥米却肯州的温带森林和绵延起伏的丘陵是完美的牛油果产地。这个美丽的地方有多孔的火山土壤山坡,最适合种植牛油果。每年6个月的雨季提供了足够的降水,所以当地的果园几乎无须灌溉。松树林在很大程度上能够自然再生,为整个地区提供了巨大的碳汇能力。该地区起伏的地形和传统的农业模式使它成为小农户谋生的理想之地。虽然当地果园的平均规模保持增长,但仍然偏小,许多种植者依靠面积 10 公顷及以下的小块土地谋生。在这个就业可能不正规的地方,牛油果的生产、包装和分销提供了超过 30 万个工作岗位。

但是天堂也有烦心事。米却肯州有大约 15 万公顷受监控的合法注册的牛油果园,同时可能另有 5 万公顷未注册的非法果园处于监控之外。周边的哈利斯科州、科利马州、墨西哥州和莫雷洛斯州还有更多未注册的果园。墨西哥农牧乡村发展渔业和食品部的官方政策是鼓励牛油果园的发展,作为促进墨西哥贫困农村地区经济发展的一种途径。但是该政策的意外后果是造成了区域生态损害。

其中最严重的损害是对地下水的影响。为了建立种植果园,种植者通常会移走天然松树林。牛油果树往往会吸收所有到达它根部的水,而松树只吸收少量的水,让其余的水分流走并渗入地下水。1 棵成年牛油果树的耗水量相当于 14 棵成年松树。这为径流和地下水补给带来了负面影响。牛油果园的栽培活动对周边地区的饮用水井和灌溉井也产生了负面影响。这些地区的小河曾经长年流水,现在却变成了季节性河流。从针叶林到落叶林的变化对上述地区的微气候模式产生了影响,现在该地的降水一般集中在6月至8月,而以往的降水更均匀地分布在雨季的6个月。

　　美国人对牛油果的强烈需求还危及了帝王斑蝶。米却肯州是大量帝王斑蝶迁徙路线上的停靠站,它们从加拿大和美国出发,飞越几千公里到达位于米却肯州和格雷罗州森林里的冬季家园。这种蝴蝶的主要冬季栖息地是上述两州的奥亚梅尔冷杉树。该地区的松树林和橡树林则为帝王斑蝶提供越冬所需的食物。由于森林逐渐变成了牛油果园,这种华丽的生物越来越难以获得越冬所需的食物。墨西哥政府已经将超过8万公顷的松树林和橡树林指定为帝王斑蝶保护区,但是执法艰难,牛油果园仍在悄然侵入保护区。帝王斑蝶保护区的旅游业正处于上升发展期,或许能够让森林免遭非法牛油果园的完全侵占。

越冬的帝王斑蝶。

超级水果
牛油果小史

墨西哥绿色和平组织就米却肯州的生态状况评论道："除了森林流失和对土壤保水性的影响,种植果树使用的大量农用化学品和包装运输牛油果消耗的大量木材也可能对当地的环境和居民健康产生负面影响。"坊间证据显示,墨西哥牛油果产区的癌症发病率正在升高,还有报告称果园附近学校的儿童患上了肺部和胃部疾病,而这两种健康问题通常与农用化学品的大量使用相关。

此外,墨西哥人为了生产牛油果而开垦土地的方法也存在弊端。墨西哥政府官员估计,牛油果种植区40%的森林火灾是以建立种植牛油果园为目的开垦松树林土地的方法不当引起的。每年还有2万公顷野生森林遭到砍伐,腾出的土地用于种植牛油果。果园的劳动力需求也催生了许多小城镇,它们建立在从前的野生林地上,对环境造成了相关的负面影响。

扁桃仁(巴旦木)是长期以来过量消耗农业用水的典型代表,而生产1磅牛油果需要同样多的水。平均来说,生产 1 个牛油果需要消耗满满一浴缸的水。目前英国种植牛油果的用水量相当于 1.2 万个奥运会规格的游泳池所需的注水量。在米却肯州,生产每 0.5 千克牛油果只需 113 升水,且很少使用灌溉用水。加州的种植者生产每 0.5 千克牛油果需要使用大约 284 升水,其中大部分水是从外地引入种植区的,这令水源地区的水资源变得紧缺。在后起之秀生产国智利,生产每 0.5 千克牛油果用水量近 378 升,并且几乎全部使用灌溉用水。因此,全球的牛油果生产正在向灌溉用水消耗量较小的地区转移。越来越多的加州种植者把果树林连根拔除,替换为草莓和葡萄等耗水量较少的作物。牛油果的生产日益转移至靠降水满足果树大部分用水需求的国家,如印度尼西亚、肯尼亚和津巴布韦,那里的平均灌溉用水需求为每 0.5 千克牛油果补充 94 升水。

智利是正在崛起的牛油果出口国,水资源利用相关问题在智利尤为凸显。智利的地下水本是公共资源,但是种植牛油果的大农场经营者盗用了大量的地下水,以致大型果园周边的许多小农户被迫放弃自己的农场。在智利,种植牛油果是一个十分耗水的行业。由于智利主要种植区的气候干旱,种植 1 棵牛油果树的耗水量是墨西哥和多米尼加同等情况耗水量的近 3 倍。

智利的地下水容易被盗用,这是因为几乎不存在任何水资源分配方面的政府监管,这是皮诺切特政府时期(1973—1990)遗留的政策。在皮诺切特总统掌权时期,大地主可以全权决定使用多少地下水。牛油果种植者为了灌溉果园而钻的深井,已经致使小农户的水井和当地的河流出现干涸现象。为受影响地区的小农户维权的活动人士,将那些曾经繁荣的地区形容为"鬼谷",因为与种植或采收牛油果无关的所有当地人都离开了。

此前,遏制地下水枯竭的法案已提交至智利参议院,但是仍然遭到大地主的阻挠。大地主和牛油果种植者主张的解决方案是增加集水量，也就是修建大型水库。虽然智利设有国家灌溉委员会，但是它不具备充分监测灌溉井水流量的财力。水资源保护人士呼吁将智利所有的淡水资源国有化，以确保更公平地分配。然而掌控牛油果等农产品的包装、销售、出口的大地主和大公司仍然拥有强大的政治力量，水资源问题远未得到解决。

为了减小牛油果巨大的耗水量，有人提出一个解决方案：基因改造。他们希望改进后的果树生长过程能使用更少的水，并且能够接受含盐量更高的灌溉用水。可是这对于牛油果产业来说有些棘手，因为它的主要营销定位之一是健康。注重健康的顾客寻求带有"清洁标签"（clean label）的无添加天然食品和有机食品，尤其是非转基因食品。根据已经试点销售的转基因果蔬的接受度，转基因牛油果很可能会令这部分消费者望而却步。

大部分出口牛油果的消费地点远离其产地。鉴于

一位乌干达牛油果卖家。

牛油果的习性是在与氧气接触时开始成熟,通常的运输方式是从产地空运。英国是新西兰牛油果最大的市场之一,据环境保护组织估算,英国食品杂货店出售的每一颗新西兰牛油果会产生近1.5吨的碳排放量。

气候变化,或者说全球变暖,将成为牛油果产业面临的一个困难。如果气候变化引起种植区气温的显著上升,或许牛油果将再次成为奢侈品。加州劳伦斯－利弗莫尔实验室的研究人员估计,牛油果种植区的气温即使发生轻微上升,也会使作物产量减少高达40%。对于处于牛油果的舒适温度范围上限的种植地区,例如澳大利亚,气温上升尤其具有破坏性。在大型牛油果种植区墨尔本郊外的莫宁顿半岛,热浪已经摧毁了整个生长季节。

可持续生产牛油果的前景也有一些亮点。秘鲁是另一个跻身牛油果主要出口国的南美国家。肥沃的沙质土壤,来自安第斯山脉的源源不断的水流,加上近乎完美的气候,使秘鲁非常适宜种植牛油果,而秘鲁人也正在努力确保牛油果生产的可持续性。以色列的环保措施最为严格，那里的牛油果采用滴灌和其他保护生态的方法种植。"公平交易"（Equal Exchange）是一家美国-英国跨国合作机构，致力于帮助欠发达国家的小农场主争取可可、咖啡等商品的更优价格。他们在米却肯州启动了一个叫作"PRAGOR"的牛油果项目，这是一个由采用可持续方法生产有机牛油果的小农户组成的集体。其成员各自经营农场，但共同参与牛油果的包装和销售。

在有机水果热潮的影响下，以有机方式生产的牛油果与日俱增。获得有机食品认证的墨西哥和加州企业的数量都出现了增长。对可持续农业感兴趣的墨西哥农民创办了牛油果综合企业模式，将牛油果种植与生猪养殖相结合。不符合市场标准的牛油果被用作猪食，而猪的粪便则用于为果园里的树木施肥。有机牛油果的销售遍及大多数市场。英国市场上符合英国可持续农业标准的牛油果会被贴上英国土壤协会的

西印度系绿色外皮的牛油果。

贴纸。

秘鲁和多米尼加最符合牛油果可持续生产的未来。秘鲁正在积极努力地将果园建立在对生态影响最小和最容易获得灌溉水源的地区。同米却肯州一样，多米尼加的牛油果只需最低限度的干预就能够茁壮成长。多米尼加拥有适宜的气候、丘陵山地地形、优质的土壤和充足的水源。然而，多米尼加种植者面临的最大障碍，是本国生长得最好的品种都是绿色外皮的加勒比型，而不是大部分销售商喜爱的哈斯。以色列有望成为领先的可持续种植者，但是该国牛油果生长得最好的丘陵地区会频繁发生霜冻，会对作物造成严重的破坏。以色列适合种植牛油果的土地数量有限，所以它可能永远止步于小众供应商序列。

美国也许是发展可持续种植的一个好地方，因为其牛油果的价格能够支持发展，并且消费者热衷于清洁标签。但是，劳动力短缺正在导致种植者改种手工采摘需求更少或者完全可由机器采摘的作物。劳动力市场供应紧张、价格日益高昂以及灌溉用水价格不断上涨，让美国的牛油果生产成本水涨船高，牛油果作物的利润率正在逐年下降。或许在不久的将来，美国的牛油果将仅限于有机品种或传统品种的精品生产。

全球牛油果产量

根据联合国粮农组织公布的数据，至少有 64 个国家在国内范围进行牛油果商业种植。由于这一数字只包括以转售为目的种植牛油果的地方，很可能忽略了有小农户种植牛油果维生的少数几个国家。这意味着地球上近 1/3 的国家，或者说除南极洲以外的所有大陆都在种植牛油果。2016 年，全球生产者同意成立世界牛油果组织并为其提供资金，以促进来自世界各国的牛油果的销售。该组织主要在北美以外、消费正在增长的市场，例如欧盟和东亚市场，推广牛油果。

牛油果作物卸货, 肯尼亚。

表 1　牛油果生产大国

排名	国家
1	墨西哥
2	多米尼加
3	秘鲁
4	印度尼西亚
5	哥伦比亚
6	肯尼亚
7	美国
8	卢旺达
9	智利
10	巴西

拉丁美洲国家是全球首要的牛油果产地。墨西哥是最大的牛油果生产国,遥遥领先于其他国家。在过去的大多数年份,墨西哥每年种植近 150 万吨"绿宝石",其出口量占全球牛油果消费量的近半数。墨西哥、秘鲁、智利、多米尼加和哥伦比亚等美洲主要生产国的产量总和约占全球牛油果产量的 71%。

多米尼加在短时间内一跃成为全球最大的牛油果生产国之一,仅次于墨西哥。但是由于牛油果的国内消费量高,多米尼加在牛油果出口国排名中仅位列第

12。第二大牛油果出口国是秘鲁,智利位居第3。欧洲首要的牛油果生产国和出口国是西班牙,中东最大的出口国是以色列。新西兰超越了南非,成为南半球最大的牛油果出口国,但是印度尼西亚已经大面积种植牛油果,主要瞄准出口市场,赶超新西兰指日可待。

虽然美国的牛油果产量高,年产值近5亿美元,但是几乎所有的牛油果都在国内消费,仅有极少量出口至北边的加拿大市场。加州的牛油果年产量是11.7万吨,此外,佛罗里达、得克萨斯、亚利桑那、夏威夷等州的牛油果产量总和为4.53万吨。美国既是名列前茅的牛油果生产大国,也是最大的进口国之一,它从国外进口的牛油果数量大约是国内产量的3倍。其中一个原因是牛油果在南加州的种植范围有限。此外,加州的牛油果园每年有几个月的时间不结果。

虽然目前美洲占据牛油果生产的最大份额,但是牛油果贸易的高利润已在世界范围内掀起了一股"绿色热潮"。牛油果出口为欠发达国家创造外汇收入的

印度尼西亚的牛油果批发地,班达亚齐。

超级水果
牛油果小史

能力令人难以抗拒。除了作物的出口价值,牛油果还能为本国人提供营养价值。事实上,大多数商业化种植牛油果的国家,出口量仅占产量的 10% 以下,其余部分均供国内消费。在上述两种价值的共同驱动下,牛油果种植地的数量持续增加。

牛油果的生产已经广泛分布在赤道两侧气候适宜的国家。东南亚国家积极地种植牛油果,兼顾出口市场与国内消费。东南亚的牛油果生产大国包括印度尼西亚、越南、马来西亚和菲律宾。撒哈拉以南非洲是牛油果生产的前沿阵线,因为该地区的多个国家都在设法利用适宜牛油果生产的气候。南非是该地区第 1 个种植牛油果的国家,但是持续的干旱使商业规模种植牛油果的长期前景不明确。卢旺达、肯尼亚、斯威士兰和马达加斯加等具备更可靠的降水及湿度水平的国家,正在争先恐后地填补南非牛油果产业衰退留下的缺口。中国的牛油果消费增速迅猛,不过目前所有的

南非栽培品种玛露玛（Maluma）牛油果的叶子和果实。

超级水果
牛油果小史

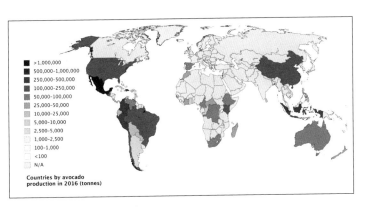

2016 年各国牛油果产量(吨)

一张显示各国的牛油果产量的世界地图,2016。
中美洲和南美洲产量全球领先。

2　牛油果的种植

牛油果均源于进口^①，大部分来自智利。然而，中国已经种植了近 2000 公顷牛油果树用于试验它在本国的潜力，如果试验成功，预计这一数字将出现指数级增长。西班牙是欧洲迄今为止最大的牛油果种植国，远远超过第 2 名的葡萄牙，希腊和塞浦路斯紧随其后。对于以色列来说，牛油果是一种重要的经济作物，该国产出的大部分牛油果最终进入了欧洲市场。

牛油果的全球消费

　　谁在吃牛油果？如果社交媒体可信的话，几乎人人都在吃牛油果。牛油果酱和牛油果吐司似乎是照片分享应用软件上的最热门的食物，而且消费量没有显示出下降的迹象。墨西哥、多米尼加、美国等国是牛油

---

① 本书英文版成书时间是 2019 年前后。据 2022 年新闻数据，中国国产牛油果已经替代了 6% 的进口份额。

果种植量最大的几个国家,同时也是牛油果消费量最大的几个国家。多米尼加公民的人均牛油果消费量达到惊人的 48 千克,令排在其后的哥斯达黎加和以色列相形见绌,二者的人均消费量分别是 8.1 千克和 7.6 千克。美国人每年人均食用 4 千克左右的牛油果,自 2000 年以来增长了 3 倍,考虑到同期美国人口仅仅增长了 4100 万,牛油果的人均消费量尤其令人印象深刻。欧洲人每年人均食用大约 1 千克牛油果,其中法国是欧洲最大的牛油果消费国。欧洲是排在美国之后的世界第二大牛油果消费市场。在欧洲最大的生产国西班牙,牛油果人均年消费量略少于 1 千克,英国消费量与西班牙相当,但是两国的消费增速都在稳步攀升。自 2000 年以来,全球大多数国家的牛油果消费量增加了至少两倍,同时保持稳健的消费增速。

全球最大的牛油果生产国墨西哥,曾经也是消费量领先的国家,牛油果盛行时期的人均年消费量超过 21 千克。如今,普通墨西哥人每年仅食用 6.1 千克牛油果，并且这一数字仍在下降。在当地的一些食品市场，一个优质的大牛油果现在的售价约等于墨西哥的法定最低日薪。普通墨西哥人实际上已经被高价挤出了牛油果市场。墨西哥的果园目前主要生产进口国最喜爱的哈斯牛油果。虽然墨西哥是世界上最大的牛油果生产国，出口量在牛油果国际贸易中占比近半，但是作为出口商品被运出国门的牛油果数量仍在持续增加。其主要出口市场是北美其他地区，那里的人们愿意为牛油果支付的价格要高出许多，因此相比国内市场，墨西哥的种植者更愿意供应国外市场。

墨西哥也是最大的牛油果制品出口国。去皮的半只牛油果用液氮冷冻、真空包装、冷冻运输和贮存。这种牛油果制品解冻后，可以像新鲜的牛油果一样用于切片和切丁。使用 2 级果和 3 级果生产的牛油果酱，是墨西哥出口量最大的牛油果加工食品。

美国当下的牛油果消费热潮，或许始于 1997 年牛油果进口禁令的松动。自 20 世纪早期，美国的牛油果游说团体以墨西哥害虫会感染美国果园为由阻止了所有进口。但是美国对牛油果需求的增长超出了加州和佛州的供给能力。墨西哥政府利用美国民众对提高牛油果供应量的呼声，要求按照《北美自由贸易协定》，能够拥有自由地向其贸易伙伴美国和加拿大出售农产品的权利，但需要说明的是，直到墨西哥威胁将关闭美国的玉米市场，美国才作出了让步，因为玉米是美国利润最高的农作物之一。牛油果在美国市场以人们能够负担得起的价格实现充分供应之后，其消费量在接下来的 10 年间翻了两番。同时，20 世纪八九十年代进入美国的墨西哥和中美洲移民人数激增，而他们已培养了消费牛油果的习惯。

牛油果消费量上升的地方不止美国。市场研究公司尼尔森报告称，牛油果是 2017 年英国消费增速第 3 的食品，仅次于百威啤酒和魔爪能量饮料，排在可口可乐和贝尔富特葡萄酒之前。英国的牛油果消费正在快速增长，牛油果在大多数商业街连锁三明治餐厅拥有一席之地，通常以牛油果酱的形式作为一种可选的食材。快餐品牌"即刻食用"有大约1/3的三明治和墨西哥卷饼都提供牛油果选项，其英国门店每天使用近1.5万个牛油果。几个世纪之前，牛油果就进入了英国，但是直到20世纪60年代，这种水果才引起了人们广泛的兴趣。在英国，牛油果曾经被称为冬季水果，因为大部分牛油果是秋季在产地成熟，并在元旦前后被送往英国市场。随着南半球的牛油果生产趋于稳定，南非和新西兰等英国传统贸易伙伴的出口使得英国全年都有牛油果供应。英国消费的一部分牛油果来自澳大利亚及新西兰，大部分来自西班牙、以色列和南非，还有少量来自秘鲁和智利。

为了标榜自己是英国最具创新力的食品零售商，玛莎百货刊登了一则广告，由20世纪60年代的超模崔姬担任主角，声称玛莎百货于1968年将牛油果引进到了英国。超市品牌英佰瑞反驳称，他们早在1962年就开始销售牛油果了，于是英国媒体兴致勃勃地报道

《牛油果》,某香烟品牌的"水果"系列,1891。

"沙拉之王"牌牛油果板条箱美术设计。

超级水果
牛油果小史

了两家公司之间的"牛油果之争"。正如《时尚》英国版杂志撰稿人维奥莱特·亨德森（Violet Henderson）指出的那样，牛油果自18世纪以来在英国一直断断续续地存在，所以两家商店都不能将引进牛油果居为己功。当然，到20世纪60年代中期，牛油果的供应相当充足，所以《比顿夫人的烹饪和家务管理》（*Mrs Beeton's Cookery and Household Management*）的1966年版才会建议将牛油果用于高级宴请。

在其他国家，随着中产阶级不断壮大，人们有了可支配收入，牛油果的消费量也出现了增长。在中国这个增长最快的市场，牛油果消费被视作一种"选择西方中产阶级生活方式"的理想标志。2017年，中国的5000家肯德基连锁店策划了一次为期3周的牛油果主题促销活动。肯德基推出了一款上层涂着牛油果酱的香辣炸鸡汉堡。这款汉堡大受欢迎，由于门店的牛油果供不应求，促销活动不得不提前结束。牛油果在中国创造的消费需求如此巨大，以至于销售商开始把 2 级果销售给不需要外观完美的整果的餐饮服务供应商,而此前,这类水果是直接送往加工厂的。

牛油果的阴暗面

米却肯州位于墨西哥中部,拥有翠绿的地中海式风景。它坐落在首都墨西哥城以西大约 320 公里处,向来是墨西哥的牛油果生产中心。火山喷发给山坡留下了格外肥沃的土壤,有利的气候、土壤与海拔的组合形成了米却肯州这个理想的牛油果种植地。尽管米却肯州拥有柑橘园、人工用材林甚至大麻种植园,但是目前第一大经济作物还是牛油果。大约 90% 的墨西哥牛油果产自米却肯州。

美国在 1915 年至 1993 年禁止进口墨西哥牛油果。1993 年,墨西哥牛油果被允许在远离美国牛油果产区的寒冷地区的州出售,在接下来的 10 年中,针对墨西哥牛油果销售地域的限制逐步放松。墨西哥牛油果被允许进入美国市场后,产量随即大增50%以上,短短十几年间,出口增长了近5倍。

禁令解除和产量增加推动了所谓的"绿色热潮"。几乎一夜之间,牛油果由一种廉价的本地主食摇身一变成为一门价值10亿美元的出口生意。鼎盛时期,1公顷果园一年两熟,产出的牛油果可以卖出高达10万美元的金额。种植者为牛油果取了绰号"oro-verde"——"绿金"。几年后,牛油果跃升为该地区第一大经济作物,价值远超先前的"绿金"——大麻。世代佃户和农户出身的农民猛然发现自己步入了中产阶级。

牛油果生意的收益不仅吸引了农民,也吸引了犯罪分子的注意。在20世纪90年代牛油果产业如火如荼发展的同时,墨西哥对有组织犯罪进行了一次周期性严厉打击。由于政府扼制了非法毒品活动,犯罪头目和毒枭正在寻找保持现金流的办法。经过四处考察,他们看中了米却肯州的牛油果园。

墨西哥毒枭的传统做法，是不仅主导所控制地盘上的毒品交易，还试图直接或间接地掌管和压榨当地赚钱的产业。在米却肯州，这指的是牛油果贸易，该地区最大的产业。墨西哥贩毒集团采取"银或铅"策略来影响政府官员，作为介入产业过程中的辅助手段。他们首先为官员提供"银"，即一笔数目可观的贿赂。如果遭到拒绝，那么他们会杀害官员（或其家庭成员），通常是公开杀害，作为对其他人的警告，这便是"铅"（子弹）。

第1个抓住米却肯州牛油果生意机会的贩毒集团是"家族"（La Familia）。家族卡特尔[①]的头目是一位名叫纳萨里奥·莫雷诺的前神父，他绑架和处决任何他认为对自己的权力或地盘有威胁的人，并以引用《圣经》的经文为上述罪行辩解而闻名。牛油果绿色热潮之初，家族卡特尔在米却肯州经营着大麻生意，随后

---

① 卡特尔，即垄断利益集团。

超级水果
牛油果小史

它迅速夺取了合法的牛油果生意的控制权。2010年，莫雷诺在一场墨西哥贩毒集团之间的争斗中丧命。多个组织加入对该地区犯罪活动控制权的争夺，一段时间后，"圣殿骑士团"（Caballeros Templarios）胜出。

被收买的米却肯州公职人员向圣殿骑士团提供牛油果种植者的土地记录及财产规模。该卡特尔随后向种植者"征税"，每公顷果园每年征税大约100美元，外加每生产1千克牛油果要征税几美分。对拒绝"纳税"的种植者的处置方法同政府官员一样（如果他们拒绝"银"，就给他们"铅"）。若是圣殿骑士团认为一个人存心作对，就烧毁他的果园，恐吓他的家人。那些为了逃脱黑社会魔爪而放弃果园的种植者被迫签署协议，把土地转让给圣殿骑士团成员。

随着时间的推移和牛油果产业的发展，圣殿骑士团卡特尔也强行介入了牛油果的包装和运输生意。这类生意通常为美国的企业主或合作伙伴持有，他们包装和运输的每磅牛油果都要纳税。提供流动采摘队服务的公司每年需要为每名员工缴纳几美元的人头税。圣殿骑士团还勒索一些市政当局,要求交出一定比例的地方预算作为贡金。上述活动每年的收入估计高达2.5亿美元。截至21世纪10年代中期,圣殿骑士团是米却肯州最大的单一商业实体。据估算,该卡特尔直接拥有米却肯州约10%的果园,被其间接控制的果园比例更高。

到2014年,一些农民开始反击。有些城镇与种植者团体开始组织武装民兵,即自卫队。民兵在城镇、道路和农村地区巡逻,并抗击卡特尔。一些民兵组织成功地将部分果园的控制权夺回并归还给其合法所有人。由于他们的胜利,部分民兵被正式纳入警察队伍,并得到墨西哥军队提供的武器和支持。然而胜利只是局部零星现象,米却肯州某些地区仍然由卡特尔控制。

在米却肯州西部的坦西塔罗镇,牛油果生产者建立了自己的民兵组织"公共安全部队",在当地以缩写名称"CUSEPT"而闻名。其成员身着制服和防弹衣,

墨西哥坦西塔罗。

携带高火力武器。他们在镇子周围的丘陵果园地区巡逻，还在公路沿线设立了检查站，防止卡特尔实施盗窃和勒索。该组织的运转依靠当地种植者的自愿捐赠及墨西哥政府的补贴。当地人似乎很支持他们的工作，相比卡特尔控制下的类似城镇，这座城镇更加平静和繁荣。

虽然坦西塔罗是一个成功的故事，但是自卫队的表现并不稳定。面对自卫队早期的胜利浪潮，大多数卡特尔大幅降低税收，试图以此保持对这门生意的控制。部分种植者认为调整后的较低税率可以接受，所以他们与卡特尔达成了和解。其他地区的一些卡特尔策反了民兵组织，为自己的活动披上体面的伪装。其中一次"漂白"活动的主角是"H3"卡特尔，该团伙得名于在毒枭中流行的悍马汽车型号。它曾经受政府资助，如今在政府的民兵架构之外运转，但是坚称自己是打击贩毒的官方民兵组织。

2015年，圣殿骑士团的头目塞尔万多·戈麦斯因毒品指控被捕,该卡特尔从此基本解散,但这引起了另一场地方性毒品大战,最终的胜方是来自邻近的哈利斯科州的"新生代"(Nueva Generación)卡特尔。其运营方式与圣殿骑士团类似,尽管他们企图将自己定位为劫富济贫的"现代版罗宾汉"。为此,他们经常资助自己地盘上的学校、医院和私有福利系统。2018年,时任美国司法部部长杰夫·塞申斯称,新生代卡特尔是最残暴的贩毒组织之一。还有一个叫作"维亚加拉"(Los Viagras)的团体,其名称暗指该组织头目竖立的发型。他们实际控制了米却肯州的多条公路,向运输牛油果和柑橘类水果等农产品的卡车司机收取通行费。为了让公路摆脱帮派控制,墨西哥军队作出了协调努力,但这项工作并未取得完全成功,政府的管控也不统一。

Avocado
A GLOBAL HISTORY

3

销售一种奇怪但营养丰富的水果

牛油果的销售是果蔬营销编年史上一个有趣的篇章。起初，人们对这种奇怪的水果并没有实际需求。但是种植者种出了牛油果，就必须想办法销售出去。这真是一个"我们先努力，（希望）他们会来"的例子。牛油果如今的普遍程度，让我们险些忘记在它成为一种全球高档水果之前，经历的数十年专注而有创造性的营销努力。

人们经过几十年的试验，才找到对大众具有吸引力的牛油果品种，而等真正的行业救星哈斯牛油果开始上架销售，则用了近80年。牛油果的销售开始时很困难，因为它不适合欧美烹饪经典菜式的任何大类别。它是一种水果，但是不甜，从市场上买来不能即食（直到最近才能买到即食牛油果）。它可以生吃，却从来没有被欧洲人和美国人真正当作餐后水果。在牛油果现代历史的相当长的时间里，它不得不与高脂肪、高能量的形象作斗争。牛油果在美国人看来非常陌生，这使得它在美国的销售越加困难，要知道美国人花了100年才接受将意大利面作为正常的晚餐。当时人们认为牛油果过于精致，只适合女性和精英阶层。欧洲人对牛油果的接受速度甚至更慢，因为它不是欧洲大陆任何民族群体饮食的常规食材。早期的营销人员以中上层女性为目标而努力，因为她们有财力购买相对昂贵的水果，而且食物必须经过她们才能进入家庭。

起初，美国的营销人员无法回避的一个问题是牛油果与墨西哥人和墨西哥食品的关联。种族偏见是一个重要因素，即使不考虑这一点，不住在美墨边境附近的大多数美国人也根本不熟悉墨西哥食物。每条商业街都有"塔可贝尔"或"奇波利"等墨西哥餐厅是很久以后的事。今天，全世界消费者对食用墨西哥玉米饼、墨西哥煎饼卷和其他拉美食物习以为常，但在20世纪上半叶，大多数美国人即使听说过南方邻国的食物，也

"黄金时光"牌牛油果板条箱美术设计。

只有很模糊的概念。

为了找到进入富裕白人消费者观念的桥梁，营销人员决定把牛油果包装成一种令人向往的奢华而优雅的食物。和许多其他食品一样，牛油果的平面广告（当时的主要媒体）通常包含食谱，以便消费者了解正确的食用方法。为了与令人向往的生活方式建立联系，在这些食谱中，牛油果常常与龙虾或葡萄柚等奢侈的，或具有异国情调的食物搭配。

早期营销人员无法回避的另一个问题，是20世纪初牛油果在美国有着催情剂的名声。在那个时代，人们不可能在营销时说一种水果有助性效果。爵士乐时代确实提高了社会的包容度，但还远不到包容一个助性水果广告的程度。即使相对更温和的"金吉达小姐香蕉"（Miss Chiquita Banana）的广告形象，也是直到第一次世界大战结束后才首次亮相。无论种植者们本身是否故作正经，他们都希望以谨慎的方法营销牛油果。营销人员私下里认为牛油果的催情名声将是它最强大的卖点。所以,那些机智的营销人员的做法是发布了一份声明,说牛油果绝对不是催情剂。韦弗利·鲁特(Waverley Root)在《食在美国》(*Eating in America*)一书中写道,牛油果种植者"愤怒地否认了关于牛油果是催情剂的恶意谣言"。牛油果的销量几乎立即得到了提升。

面向精英阶层和追求地位的中产阶级的营销,对于小宗作物而言是一个好策略,但如果要让牛油果成为一种大众市场商品,这个策略就行不通了。一位广告主管建议牛油果委员会考虑西蓝花的案例,其营销和接受路径与牛油果类似。西蓝花最初是一种新奇的外来食物,只在高档餐厅供应。正如一位早期广告人在加州牛油果协会的一次会议上所说的:"在菜单上供应西蓝花是明智的选择,这个消息传开了,然后它就一夜之间出现在了高档餐厅的菜单上。很少有人知道它是什么以及来自哪里,但是成千上万的人开始想吃西蓝花,因为它是一种新颖而正确的食物。"现在的技巧是把这个方法应用于牛油果。

虽然"一战"后牛油果市场增长缓慢，但是在两次世界大战之间的 21 年中，人们对饮食健康重新燃起兴趣，因此牛油果从中受益。大众报纸杂志上关于食品的文章和广告中有大量的饮食建议。在饮食益处方面，最早的营销活动将牛油果作为摄入过多的盐、肥肉和肉汁的美国饮食的解毒剂。人们认为大多数胃部问题和消化问题都是由这些糟糕的饮食引起的。按照营销人员的说法，对应的疗法是什么？答案是大量摄入一种新鲜的加州农产品——牛油果。于是牛油果被高调宣传为一种完美的食物，就像 20 世纪 70 年代和 21 世纪初再次发生的那样。约翰·艾略特·科伊特（John Eliot Coit）教授在 1928 年的一次演讲中对加州牛油果协会说：

美国公民越来越关注不同的食物对肤色、消化和排泄的影响。流行杂志上随处可见关于食品的文章和广告。营养学正在蓬勃发展。人的胃只有这么大，现在人们重视食物的质量而非数量。人们设法避免酸毒症、便秘和肥胖。人们对水果、沙拉和新鲜果汁的新菜单非常满意，越来越厌恶肉类和精细谷物饮食，欣然接受沙拉水果。作为沙拉水果中的贵族，牛油果正好符合这个时代潮流……我确信从今往后，市民在吃猪肉玉米粥（简餐）时会搭配一份新鲜的沙拉。

　　牛油果的营销由各州、地区和国家牛油果理事会开展。全球最大的牛油果销售商是卡拉沃公司，它包揽了几乎所有加州作物以及美国进口的大量墨西哥水果的销售和分销。佛州牛油果由一个名为弗拉沃卡多（Flavacado）的组织代理，其名称巧妙地结合了佛州和美味的牛油果的名称。墨西哥的营销理事会叫作"来自墨西哥的牛油果"组织（Avocados from Mexico），其职能与其他理事会类似。这些组织花费数百万美元在各种媒体上推广牛油果。它们的资金来源通常是为种

市场上的牛油果，越南大吻。

超级水果
牛油果小史

牛油果吐司搭配紫色花朵。

植者分销其产品时按磅收取的费用。

英国食品研究员安妮·默科特（Anne Murcott）评论道，牛油果是现代食品营销方式的一个典型案例。第1步的工作是为产品制造热点话题，将其吹捧为"超级食物"的办法非常奏效。在开始营销的同时，通过在市场和食品服务机构中铺设产品来支持营销。大力投入传统媒体市场营销，并且在社交媒体上持续展示产品。这些举措都会提高零售和批发需求。如果你成功地把它打造成热销产品，财富会滚滚而来。而牛油果的营销人员精准地做到了上述所有举措。连续几十年全心全意的营销努力、因《北美自由贸易协定》规定的义务而放松的美国进口、全球扩张的快餐连锁店将其列入菜单的意愿、人们对所谓的"超级食物"与日俱增的兴趣、牛油果在社交媒体盛行的时代拍照好看的特性，所有因素结合起来，为这种看似不符合任何商机的奇怪的水果创造了一场完美风暴。此外，牛油果的成功也得益于自身的不可替代性。各种绿叶蔬菜相差无几，如果羽衣甘蓝售价太高，可以用菠菜或无头甘蓝等其他绿叶蔬菜代替。这同样适用于谷物，如果藜麦涨价或者难买到，人们还可以购买苔麸或法罗小麦，甚至糙米。但是在植物界，牛油果是独一无二的。经过多年坚持不懈的营销，牛油果因其营养成分、风味和社会声望而成为社会潮流最好的标志。

美国营销人员最棒的一步棋是让牛油果酱与美国最受欢迎的体育赛事"超级碗"产生关联。在1992年播出的"牛油果酱杯"广告中，球员们和家人一起参与了"最佳牛油果酱食谱"的角逐，此后的一系列创意广告将牛油果酱吹捧为比赛日的终极食物，美国和墨西哥的营销理事会已经让牛油果酱变成了像苹果派一样的美国食品。牛油果是第1个在超级碗期间投放广告的水果，广告花费450万美元。美国人能够在"超级碗星期天"当天消费超过4500万千克的牛油果，大部分是以牛油果酱的形式。另外，美国人能在"五月五日节"消费4100万千克牛油果，这个墨西哥节日在美国比在

牛油果造型的毛绒玩具。

超级水果
牛油果小史

墨西哥更受欢迎。虽然美国的波萝、香蕉和草莓进口数量更多，但是牛油果进口的价值高于上述 3 种水果。

鉴于 21 世纪初牛油果大受追捧，各地政府自然纷纷通过举办牛油果节来带动旅游业。在你能想到的地方都有牛油果节，比如加州牛油果带上的卡平特里亚和福尔布鲁克，墨西哥的乌鲁阿潘和坦西塔罗，这两个墨西哥市镇都自称为"世界牛油果之都"（事实上福尔布鲁克也这样宣称）。不过，有些牛油果节的举办地点相当让人出乎意料。南太平洋的新喀里多尼亚会在 4 月下旬或 5 月上旬举办大型牛油果节。名字离奇有趣的澳大利亚昆士兰州布莱克巴特（Blackbutt）小镇会在 9 月举办牛油果节。福尔布鲁克的牛油果节据称是全世界最早的牛油果节，至少自 1985 年起每年举办。这个节日包括"最佳牛油果酱食谱"比赛，儿童版"牛油果小姐"和"牛油果先生"选美比赛，一个涵盖 2D 和 3D 设计类别的"牛油果艺术"比赛，还有"牛油果 500"小学生赛车比赛，参赛者用牛油果制作赛车模型，和其他选手同场竞技。卡平特里亚牛油果节的主题是"和平、爱与牛油果"，是南加州最大的免费集市，也是美国最大的集市之一。

牛油果失窃

考虑到牛油果的高价，牛油果的盗窃事件，或者是报纸所说的牛油果失窃案的发生，应该不足为奇。早在 20 世纪 70 年代，《纽约时报》《洛杉矶时报》和《时代》杂志都刊登过关于牛油果失窃以及被窃贼运走的赃物价值的文章。即使在 20 世纪 70 年代，一辆小货车所载的牛油果的价值可达数千美元，一旦产品离开农场，农民或治安官很难确定非法货物的来源。随着牛油果价格上涨，失窃问题也越发频繁。由于南加州各县生产集中而治安官资源有限，为了预防和调查牛油果盗窃事件，加州牛油果委员会聘请和设置了6 位全职"牛油果警察"。

由于牛油果作物价值高，失窃问题是所有种植牛油果的地方的"顽疾"。此现象在新西兰尤其普遍，因为新西兰的生物安全措施严格，禁止进口国外种植的牛油果。这意味着新西兰的牛油果需求必须全部由本国种植者满足。因此，新西兰有些牛油果的售价居全球之首，有时高达美国或欧洲牛油果平均价格的2倍到3倍。单株收成可能价值几千新西兰元，所以就连家庭种植者也开始为他们的果树配备安防系统以威慑窃贼。

　　赫伯特·胡佛（Herbert Hoover）竞选美国总统时曾承诺"让每家人的锅里都有一只鸡"，如果牛油果营销人员的目标是让每张餐桌上都有一个牛油果，那么他们正走在实现目标的路上。他们让这种绿色水果在一个世纪内从几乎无人知晓变得几乎无处不在。加拿大记者戴维·萨克斯（David Sax）在《口味缔造者》（*The Tastemakers*）一书中写道："牛油果已经从一种稀有食物变为一种主食。我的意思是，我走进糟糕的麦

正在为牛油果花授粉的蜜蜂，新西兰。

德龙超市,他们在售卖牛油果,甚至廉价的食品杂货店也有牛油果。它不廉价,但也不至于奢侈。它不像奇亚籽那样稀有,牛油果广泛种植,被人们熟知。"牛油果从鲜为人知到成为最重要的热带或亚热带水果作物之一,只用了100年。在其他的热带或亚热带植物中,只有菠萝和香蕉获得了如此重要的市场地位。

牛油果的营养:脂肪含量最高的水果

牛油果是一种特别的水果,它几乎不含糖或淀粉。作为一种水果,它的特别之处还在于含有高达30%的脂肪,这相当于一块西冷牛排的脂肪含量(牛油果的脂肪是以单不饱和脂肪与多不饱和脂肪为主的好脂肪)。此外,牛油果是蛋白质含量最高的水果,在一个蛋白质狂热的时代,这对营销人员来说很有利。如果再把某些维生素和矿物质的高含量计算在内,牛油果可能是营养素最密集的水果。这种高营养素密度或许是牛油果的主动进化策略,以确保巨型动物选择并传播它。如今,许多消费者认为牛油果是一种神奇的"独角兽"食物,它吃起来很"放纵",同时不会对健康产生负面影响。这种食物获得了健康食品商店的消费者和附近的麦当劳的消费者一致的认同。

牛油果的单不饱和脂肪含量高,饱和脂肪含量低,和橄榄油类似。牛油果的能量密度主要来源于脂肪。然而,它险些因为高脂肪含量错过了成为"沙拉水果贵族"的机会。在20世纪70年代,牛油果是备受推崇的加州生活方式的关键要素,受到地位追求者和天然食品、健康食品消费者的欢迎。但是20世纪80年代,牛油果陷入了困境。那是流行零脂肪的10年,好脂肪(单不饱和脂肪)和坏脂肪(饱和脂肪)一律遭到排斥。1977年的《麦戈文报告》提出,心脏病正在美国流行,罪魁祸首指向了膳食脂肪。于是大量的低脂和无脂产品涌入了市场(尽管在这些产品中取代脂肪的是玉米糖浆等糖类)。牛油果与培根、鸡蛋和黄油被归为同一

这个由培根、鸡蛋、牛油果和吐司组成的视觉混搭产品体现了时尚与传统的碰撞。

牛油果冰沙。

类食物。在医生为心脏病患者提供的应该避免的食物清单上，牛油果与肥瘦均匀的牛肉被归为同一类。牛油果的批发价格大跳水，最低时每磅仅10美分。市场上的牛油果严重供应过剩，加工商纷纷寻找其他用途。一度有人提议以牛油果为原料生产狗粮，但事实上牛油果中的一些物质可能会引起犬类消化问题。最后，牛油果能够保留下来而没有被其他作物取代，全靠美国人对牛油果酱与日俱增的喜爱。20世纪80年代，加州的牛油果营销人员用一则著名的广告进行了反击。广告的主角是性感偶像安吉·迪金森，她身着白色紧身连体衣，吃着牛油果问道："这样的身材会说谎吗？"

此后有研究表明，某些脂肪实际上对健康有益，包括牛油果中的单不饱和脂肪，这对牛油果来说是一项利好。牛油果中的脂肪的其中一个优点是有助于人体产生饱腹感，它能向身体发出信号：已有足够的食物，可以停止进食。但是对许多消费者来说，热量就是热量。哈斯等热门品种的脂肪热量相对较高，但是西印度系的多个品种的脂肪热量明显更低。一场变革蓄势待发——把这些品种作为墨西哥系和危地马拉系品种的低热量替代选择进行销售。布鲁克斯热带果蔬公司开始用新名称"斯利姆卡多"（Slimcado）销售曾经叫作佛州牛油果（Florida avocado）或哈迪（Hardee）的巨型牛油果。这是在佛州种植的一个老品种，其脂肪含量比哈斯少大约一半，热量比哈斯少大约 1/3。其蛋白质含量与哈斯相仿，但是大多数其他营养素的含量均低于哈斯。互联网和纸媒对斯利姆卡多牛油果的评价不太友善，但它确实获得了一些拥趸。据吃过这种牛油果的人说，它的口感水润，而哈斯的口感很像奶油；它带有一丝芒果的水果味，而不是人们熟悉的哈斯的坚果味。绿皮牛油果水分高而且有水果味，非常适合制作冰沙等牛油果饮料。

牛油果是维生素 C、维生素 E、维生素 K 和维生素 B_6 的良好来源，其中前两种是宝贵的抗氧化剂。它也是矿物质铜和磷的良好来源。牛油果中钾的含量是香蕉的 2 倍。人们在牛油果中发现的叶黄素的生物利用度几乎是所有水果蔬菜中最高的。牛油果能够减轻炎症引起的疼痛，是美国关节炎基金会向骨关节炎患者推荐的水果。牛油果中的色素富含植物生化素，可提供多种微量营养素。

牛油果油

如前文所述，牛油果是一种富含脂肪的水果。哈斯和富尔特等高油品种的牛油果充分成熟时，其含油量可能突破 20% 大关。大部分牛油果是为了以新鲜整果的形式在市场上销售而种植的。那些基本可用，但是因瑕疵等问题不宜在市场上销售的果子被评定为 2 级果，通常用于加工牛油果酱或果肉产品。此外，还有大量不适用于上述两种用途的牛油果，可作其他用途使用，比如生产牛油果油。

最高等级的牛油果油可以作为烹饪产品,其他等级的用在各种化妆品中。它可以作为调味油使用,就像我们使用特级初榨橄榄油拌意大利面那样,也可以用于煎炸。虽然牛油果油价格不菲,但是非常适合煎炸,因为它的烟点高达270摄氏度,高于许多其他煎炸用油。牛油果油中的酸含量低,在高温下相对稳定,而且比起许多其他煎炸用油,它更不易因高温而发生降解。

此外,牛油果油还因具备公认的健康特性而受到广泛关注。人们经常拿它与特级初榨橄榄油比较,牛油果油的饱和脂肪含量更低,并且单不饱和脂肪酸含量更高。牛油果油的味道也比特级初榨橄榄油更清淡,加热后对比更明显。牛油果油具有优秀的耐贮性。在加州的一项实验中,牛油果油样品冷藏储存10年后,只显示出非常轻微的酸败迹象。

尽管我们使用的烹调植物油大多数都来自植物的种子或果仁,例如玉米油、大豆油、油菜籽油(芥花

牛油果油这种产品越来越受欢迎，它因有益健康
而得到推广。

籽油）和葡萄籽油，但是也有几种来自果肉，例如橄榄油和椰子油。从牛油果的果肉中提炼油的方法有若干种，方法的选择取决于加工者的工艺水平和油的最终用途。

最古老的方法是煮沸撇油法。将果肉打碎加水，用小火煮制。待混合物冷却后，撇出浮在表层的油。撇出的油通常会进行二次加热和过滤，不过此法也允许少量杂质残留。这种方法很简陋，但是在生产者无法负担或使用更现代的技术的情况下，它是一种有效的方法，并且得到的油有多种用途。

此法基本上已被使用化学溶剂的工艺取代。这类工艺分为两种方法。一种方法是首先烘干果肉、去除水分，将果肉与提高最大萃取率的化学溶剂混合后再进行压榨和提炼。另一种方法是用离心机分离果肉以提取油细胞，然后使用化学溶剂对油细胞进行处理，目的是分离油细胞中的纯油和其他元素。这两种方法提炼的油都需要进一步精炼后方可使用。进一步精炼后得到的是化学纯牛油果油,富含软化剂和维生素 E。这种油的处理过程粗糙并且油在化学溶剂中暴露过,因此不适合用作烹调油,但是在化妆品工业中却大受追捧。牛油果油中的保湿剂能帮助人体皮肤保持水润感,令皮肤拥有年轻饱满的感觉。水疗行业开始流行使用含有牛油果油的面膜,作为帮助恢复皮肤活力的产品销售。

提炼牛油果油的最新方法是冷榨。首先将牛油果去皮去核,然后像冷榨橄榄油那样对其果肉进行冷榨。事实上,为了开发这一工艺,最初使用的机器就是作为实验引入的冷榨橄榄油压榨机。哈斯和富尔特是最常用于冷榨炼油的品种,因为它们的含油量最高。哈斯尤其适合冷榨,因为得到的油呈浅翠绿色,能让人直接联想到牛油果整果。牛油果皮中的叶绿素含量非常高,在压榨果肉时加入一些牛油果皮可以增强油的颜色,带果皮压榨制成的油通常是亮翠绿色的。据说用哈斯牛油果冷榨制成的油尝起来很像牛油果,闻起来还有淡淡的青草和蘑菇味。而用富尔特牛油果制成的油，据说蘑菇气味更浓而牛油果味道不明显。新西兰、澳大利亚和美国的种植者正在努力开发牛油果油的相关术语，期待它们可以作为消费者选择不同等级牛油果油时的指南。其工作文件显示，牛油果油的等级将与橄榄油非常相似（便于消费者理解），分为特级初榨、初榨、纯正和混合油。油被提炼出来后，剩余的果肉会被销往动物饲料行业，因为果肉仍然含有大量蛋白质。

牛油果油在医学上的应用正在增加。在中美洲，牛油果树的多个部分以及果实和叶子一直被当作民间药物。中美洲人认为牛油果能够加速伤口愈合，所以用它来处理小伤口，特别是擦伤。如今，顺势疗法治疗师建议用牛油果油治疗类似擦伤的病症，比如晒伤、湿疹和牛皮癣。法国人将牛油果油提取物与大豆油提取物混合，作为处方药列入了药典。其名称为鳄梨（牛油果）大豆非皂化物，首字母缩写为"ASU"，是为膝骨关节炎和髋骨关节炎开的一种处方药。ASU在有些国家是非处方药,医生建议用于由体内炎症引起的多种疾病的治疗。医学研究初步表明,食用牛油果油能够改善肝功能,不过这项研究目前尚处于早期阶段。从牛油果油中分离出来的牛油果汀B(鳄梨素B)目前正在进行临床医学试验,可能会对急性髓细胞白血病的治疗有效。

牛油果的其他部分也对健康大有裨益。其果肉富含抗氧化剂、纤维、矿物质、维生素及植物营养素。有证据表明,食用牛油果可能会有助于预防代谢综合征,该疾病是指患者表现出3种及以上心脏病或糖尿病的风险因素,例如高血压、高甘油三酯、腹部脂肪过多。牛油果有助于降低不好的低密度脂蛋白胆固醇,提高好的高密度脂蛋白胆固醇,并减少腹部脂肪。此外,研究人员正在将在牛油果核中发现的物质作为一种医药来源。其果核含有二十二醇,即一种可以用于制作抗病毒药物的长链脂肪醇,以及十二酸(又名月桂酸,存在于樟科植物中），可以用于制作多种抗病毒药物，人们已在研究将它用于制作治疗动脉粥样硬化相关药物的可能性。

超级水果
牛油果小史

4

牛油果的食用及其他用途

最受欢迎的牛油果食用方法是制作牛油果酱。如前文所述,美国人仅在"超级碗星期天"一天就吃掉了几百万磅牛油果酱,在一年中的其余时间吃掉的量更是不计其数。人们在食品杂货店购买的牛油果主要用来制作牛油果酱,预制牛油果酱则是杂货店和餐饮服务公司的主要产品。

毫无疑问,早期中美洲人是第 1 批食用牛油果酱的人。我们已经知道,他们食用牛油果的历史长达几千年,而牛油果的原产地也是玉米的原产地。玉米饼很早就作为玉米的首选食用方式出现于中美洲。即使在美式足球比赛成为美国重要的电视节目之前,也不难想象玉米饼和牛油果酱搭配在一起食用的场景。事实上,考古证据表明,这两种食物早在前哥伦布时代就在搭配食用了。牛油果酱(guacamole)的名字源

毫无争议的最受欢迎的墨西哥出口美食：牛油果酱。

超级水果
牛油果小史

于纳瓦特语单词"*ahuaco-mulli*"。西班牙殖民者埃尔南·科尔特斯(Hernán Cortés)到达特诺奇蒂特兰(今墨西哥城)时,发现阿兹特克帝国国王蒙特祖马的宫廷在食用一种牛油果、西红柿、野葱和芫荽的混合物,科尔特斯的文书人员将该食物的名称翻译为阿瓦卡穆利(*ahuacamulli*)。

在牛油果推广之初,美国媒体上就刊登了牛油果酱的食谱。1912年,《纽约时报》发布了使用当时颇为新奇的"鳄梨"制作的"阿瓜卡特沙拉"(aguacate salad)的食谱。

把3个成熟的"阿沃加多梨"对半切开,取出果核,从果皮上刮出果肉。加入3个番茄,去掉外皮和蒂周围的硬块,再加入半个绿色朝天椒。捣碎所有食材,直到混合均匀,然后沥干水分。向糊状物中加入1满茶匙或更多洋葱汁和1大茶匙柠檬汁或醋。充分搅拌后即可享用。

《纽约时报》自1912年起发布过多个牛油果酱食谱。其中,1953年见报的食谱建议将薯片作为牛油果酱的理想搭配。2013年,《纽约时报》发布的"黑暗料理"青豌豆牛油果酱的食谱,在推特上引发了一场论战风暴,甚至时任美国总统巴拉克·奥巴马也参与了讨论。

　　根据"在线昆虫学词典",牛油果酱(guacamole)这个术语于1920年首次出现在美国词汇中,但早期的拼写方式存在差异。无声电影时代的万人迷拉蒙·诺瓦罗(Ramon Novarro)1929年为《影星烹饪书》(*Photoplay's Cookbook*)提供了自己的牛油果酱食谱,他使用了现代拼写方式"guacamole"。

　　1931年,贝弗利山庄女子俱乐部的烹饪书《贝弗利山庄的饮食时尚》(*Fashions in Food in Beverly Hills*)将牛油果酱拼写为"wakimoli",并用卡拉沃(calavo)一词指代牛油果。

将"卡拉沃"对半切开，去除果核，从半个果皮上刮下果肉。充分捣碎果肉，加入洋葱碎搅拌。加入蛋黄酱搅拌，直到混合物变成黏糊状。用盐、胡椒粉和辣椒粉调味。这种酱可以放在半个果皮里或涂在生菜上食用，涂在烤饼干上也很美味。

1931 年的另一本烹饪书，极具影响力的《烹饪之乐》(*Joy of Cooking*)收录了两个关于牛油果(在书中称为"阿沃加多梨")的食谱。一个是码放整齐的"阿沃加多梨沙拉"，另一个是"阿沃加多梨、橙子、葡萄柚沙拉"。这两个食谱的风格类似于那些把牛油果宣传为"沙拉水果贵族"的广告随附的食谱，其中牛油果搭配的食材是葡萄柚、龙虾和螃蟹。

墨西哥烹调界的权威戴安娜·肯尼迪(Diana Kennedy)在其开创性著作《墨西哥美食》(*Cuisines of Mexico*)中，为牛油果酱下了定论。她写道："千万，千万不要用搅拌机把牛油果变成一种光滑均匀的糟糕

牛油果沙拉,卡夫牌蛋黄酱在《妇女家庭杂志》上刊登的广告,
1948 年 6 月。

食物。"她也确信新鲜是牛油果酱的关键,就像所有的牛油果菜品一样。她建议在牛油果酱制作完成后立即食用。因为放置后,"那种娇嫩的绿色几乎顷刻间就会变暗,而那种新鲜美妙的味道也就消失了"。

其他烹饪用途

在牛油果的原产地中美洲,除了制作牛油果酱,它还有很多种烹饪用途。许多中美洲原住民仍然在食用包括玉米饼、咸牛油果片和咖啡在内的传统早餐。青酱(salsa verde)是一种混合了牛油果、绿番茄、芫荽(香菜)和洋葱的浓汤状酱汁,被用作许多咸味菜肴的调味品。牛油果片或丁被用作辣味食物的解辣配菜。鸡肉汤是中美洲和南美洲各地的流行菜肴,汤上面通常漂着新鲜的牛油果片和牛油果丁,以增加风味和口感。

牛油果被用作许多菜品的馅料,如墨西哥玉米饼、

牛油果扁豆汤。

牛油果咖啡奶昔。

炸玉米饼、长笛玉米卷饼、豆馅玉米饼、炸薄饼球、馅饼等。牛油果对半切开，填入蔬菜碎、酸橘汁腌鱼或烤鸡，便可作为一道主菜食用。在整个中美洲和南美洲地区，牛油果是最常见的沙拉食材。牛油果的叶子会被用来腌制"巴巴柯阿"（barbacoa），这是一种传统烤肉美食。有时人们把叶子扔进火中，或者扔进煮豆子的锅中来增添一丝茴芹风味。

随着牛油果传播至世界各地，许多文化都接纳和改良了这种水果，作为当地美食的补充。巴西人通常加糖食用牛油果，并制作各种甜品。一种流行的早餐食品是将牛油果丁搅拌进甜炼乳制成的一款厚实的奶昔。印度尼西亚流行牛油果咖啡奶昔和牛油果巧克力奶昔。这种奶昔将牛油果泥与加糖的咖啡混合，以作为早餐饮品，或者白天晚些时候的提神饮料。穆尼亚塔·维德贾贾（Murniata Widjaja）女士凭借用牛油果、波罗蜜、椰子、甜炼乳和刨冰调制的饮品在1982年的印度尼西亚冷饮比赛中夺魁。她为这款饮料取名"Es

准备浇在牛油果冰块上的咖啡。

Teler", 大致意思是"醉冰"。她的家人决定利用该奖项为她带来的名气, 他们开始在一家大型购物中心外面的售货亭经营小店, 取名为"Es Teler 77"（77 在印尼华人社区是一个吉利的数字）。这种饮料广受欢迎, 于是维德贾贾一家开放了特许经营权。目前"Es Teler 77"在印度尼西亚、马来西亚和新加坡有 200 多家门店, 在澳大利亚也有 4 家门店。

甜味牛油果饮品在非洲也很常见。摩洛哥有一种加了糖和橙花水的牛油果牛奶饮品非常流行, 几乎所有咖啡店或乳制品吧都有售。埃塞俄比亚最流行的饮品之一叫作斯普里斯。这种饮料是牛油果的果肉与牛奶的混合物, 并使用果味软饮料增加甜味。

用牛油果制作的咸味小吃在撒哈拉以南非洲很受欢迎。在加纳, 到处都可以买到把牛油果酱涂在脆皮法棍面包上制作的佐茶三明治。海地的街头也出售一种类似的三明治。秘鲁人往面包棒里塞入奶酪和牛油果之后油炸。对危地马拉人来说, 一顿正式的早餐是

醉冰,印度尼西亚。

牛油果饮品，埃塞俄比亚。

超级水果
牛油果小史

半个牛油果配炒蛋和凤尾鱼排。日本人把牛油果对半切开，淋上酱油和辣根或芥末食用。

不管是好是坏，牛油果已然成为"千禧一代"生活方式的标志。2018年，照片社交应用软件Instagram上牛油果相关的标签数量已经突破了40万大关，并且没有增长放缓的迹象。目前仅Instagram一家平台上可浏览的关于牛油果吐司的发帖就有120万条左右，更不用说还有无数张以牛油果为内容的创作作品。一个在线约会网站称，通过提及你对牛油果酱的喜爱，你收到潜在约会对象信息的可能性会提高144%。2018年，英国维珍铁路公司推出为期一周的促销活动：年龄介于26至30岁之间的旅客在购买千禧一代火车票优惠卡时出示一个牛油果，即可享受33%的折扣。牛油果已然成为千禧一代的标志性食物。

对于痴迷社交网络的一代人来说，牛油果是完美的食物。它营养丰富、美味可口，而且看起来很可

最时尚的早午餐：牛油果吐司。此图中的牛油果
是美丽的玫瑰花造型。

超级水果
牛油果小史

爱。有一句网络流行语是"Let's avocuddle"[①], 2016年还出现了牛油果表情符号。牛油果易于烹饪，是一种没有负罪感的享受，而且其照片在社交网络平台上显得很美观。正如消费学者内森·格林斯利特（Nathan Greenslit）所言："我们消费的不是单独的物品，而是物品所属的社会秩序……当我们购买（一个产品）时，我们消费的是关于性别、家庭和社会地位的假设。"牛油果消费体现了千禧一代的这类愿望和假设。

根据《新政治家》杂志的报道，最能代表21世纪前20年理想生活方式的食物是牛油果吐司。当下的牛油果吐司热潮据说源于墨尔本厨师比尔·格兰杰（Bill Grainger）1993年的发明，不过牛油果和烤面包搭配的历史更加久远。墨西哥的早期西班牙殖民者说牛油果是"*mantequilla del pobre*"，意思是"穷人的黄

① "avocuddle"是牛油果"avocado"的谐音，同时结合了"拥抱"的意思，本句意为"让我们拥抱吧"。

油"，这说明至少在西班牙殖民时期之初，牛油果就以类似黄油的方式被使用。早在19世纪40年代，就有英语资料提及用少许盐和胡椒调味的牛油果吐司。它在美国报纸上第1次被提及是1885年的《上加利福尼亚日报》。1920年，加州圣加布里埃尔的《科维纳守卫报》指导读者用叉子将牛油果捣碎，涂在热吐司上。《旧金山纪事报》于1927年刊登了自己的食谱。1937年，S. J. 佩雷尔曼（S. J. Perelman）在以讽刺著称的《纽约客》杂志上发表了关于南加州文化的文章，文章中提到"喝着青柠利克酒吃小麦吐司牛油果三明治"。这在某种程度上说明，由于牛油果三明治普遍存在于健康食品菜单上，所以容易成为嘲讽的对象。《纽约时报》1962年提出一种"不寻常"的牛油果食用方法：
"烤三明治"。比尔·格兰杰当时在墨尔本经营一家与他同名的比尔咖啡馆，他开始出售牛油果吐司是因为他的租约将营业时间限制在上午7:30到下午4点，无法出售酒精饮料。由于缺少高利润的晚间营业时间及晚间酒水销售，他只好想办法在平均客单价最低的早餐时段提高价格。牛油果吐司似乎是解决方案的一部分。

2017 年，约翰·伯索尔（John Birdsall）在文章中写道，牛油果吐司代表了"当下美国饮食中一切好的、坏的、精英阶层的、底层的、恼人的，当然还有美味的元素"。文章接着说，餐厅正"热切地希望靠一道菜品以最小的赔率赚大钱：这种在超市里很普遍的蔬菜口味的水果，传播成为全世界最常见的治愈美食"。美国女演员格温妮斯·帕特洛（Gwyneth Paltrow）在其烹饪书《一切都好》（*It's All Good*）中将牛油果、纯素美乃滋和海盐的组合称为"三位一体"，并将其比作"一条最喜欢的牛仔裤，如此可靠、简单，合你的心意"。她在自己的新型生活方式品牌的通讯上发布该食谱之后，它迅速流行起来。内森·赫勒（Nathan Heller）2017年 7 月 13 日在《纽约客》杂志上发表了一篇题为《牛油果吐司的大一统理论》（*A Grand Unified Theory of*

Avocado Toast）的文章，他对牛油果吐司的流行原因解释如下：

（它是）一种时尚友好的食物，它小巧、有营养、精致、易分享、个性化。它可以用刀叉一本正经地食用，也可以拿在手里食用，而不会滴落或喷溅汁水。碳水恐惧症食客可以吃掉面包上的牛油果，而不必抓狂。吐司的卡路里很容易计算，或者在任何地方点单时都可以提出特殊要求。而且，牛油果的特性决定了它的新鲜度是有保证的：牛油果泥在放置一个小时后质地会明显变差。就这一点来说，它是最好的世界性食物，一种用来在陌生环境中寻找熟悉感的菜品。

英国《时尚》杂志补充道，牛油果吐司让人们觉得自己与食物的联系更紧密，因为这种食物是他们亲自制作的。

和许多其他地方一样，在澳大利亚，牛油果吐司也一直是对千禧一代生活方式诸多负面评论的焦点。墨尔本房地产大亨蒂姆·格纳（Tim Gurner）将千禧一代形容为"挥霍者"，因为他们在牛油果吐司和花式咖啡上花费太多。他一针见血地评论道："在我想购置第1套房产的时候，我不会消费19澳元的牛油果泥和4杯单价4澳元的咖啡。"《澳大利亚人报》专栏作家伯纳德·索尔特（Bernard Salt）在一篇题为《时髦咖啡馆的罪恶》（*Evil of the Hipster Café*）的文章中呼应了上述观点："我见过年轻人购买单价22澳元甚至更高的菲达奶酪牛油果泥5种谷物烤面包，每周几次22澳元的支出本来可以用于支付房子的定金。"作为回应，一家墨尔本咖啡馆推出了一款10澳元的"退休计划"牛油果吐司套餐。另一家墨尔本咖啡馆的店主用戏谑的方式回应了批评，他发明了牛油果拿铁饮品，一种以掏空的牛油果壳为容器的拿铁咖啡。这款饮品的初衷是对负面评论作出反讽回应，结果讽刺意味被忽略，世界各地的餐厅开始供应牛油果拿铁。

牛油果吐司在美国和英国也很受欢迎。有人说,目前美国的牛油果吐司风潮是从纽约的吉塔尼咖啡馆开始掀起的。当你在社交网络上看到一张撒着红辣椒碎的牛油果吐司的照片时,从某种意义上说,这是在向吉塔尼咖啡馆致敬,这家店早在 2006 年起就以这种方式供应牛油果吐司。这种食物在美国如此普遍,甚至在 2017 年特朗普总统就职典礼上,一位抗议者举着的牌子上写着,"在种族主义上面放上牛油果,这样白人就能注意到了"。根据《时代》杂志 2017 年的一篇文章,信用卡支付业务公司估计,美国人每月的牛油果吐司消费近百万美元,平均价格为 6.78 美元每片。毫无意外,美国牛油果吐司人均消费最高的城市是旧金山,也是美国第 1 家吐司餐厅米尔的所在地。但令人惊讶的是排名第 3 的纳什维尔,毕竟那里的乡村音乐和辣味炸鸡的名气远远超过像牛油果吐司这样前卫的饮食概念。2015 年,英国杂货商维特罗斯称,厨艺女王奈杰拉·劳森(Nigella Lawson)通过烹饪节目向观众展示了如何制作牛油果吐司之后，牛油果的销量上涨了30%。（尽管并非所有英国人都喜欢这期节目，据《每日邮报》报道，一位观众调侃道："她下次会教我们如何泡一杯茶。"）

虽然牛油果菜品很受顾客欢迎，但是牛油果高昂的价格一直令餐饮服务经营者感到担忧。2016年的一次价格飙升导致许多菜单移除了牛油果，一位宴会承办商将该结果称为"牛油果末日"。每当牛油果的价格过高时，奇波利餐厅就声称要把牛油果从菜单上移除，虽然这还没有成为现实。一些经营者将牛油果作为季节性菜品，在牛油果便宜、充足时加入菜单，在价格高涨时从菜单上去除。一些餐饮服务经营者用"guacamoolah"这个词来调侃牛油果高昂的价格①。在2016年澳大利亚牛油果荒期间，牛油果盗窃成为困扰

---

① "guacamole"意为牛油果酱，"moolah"意为金钱，合成词"guacamoolah"讽刺牛油果酱像金子一样贵。

澳大利亚零售商的问题。有些商店贴出"店内不存放过夜现金或牛油果"的标识。

与所有极度流行的食物一样，牛油果在流行的顶峰也遭到了强烈的抵制。伦敦的野花咖啡馆和柴架咖啡馆因牛油果高昂的社会成本和环境成本而抵制使用，前者还要求人们将瑞典甘蓝作为新的时尚蔬菜。话题标签"#overcado"（过多的牛油果）使用量的增加，表明牛油果在精英网红人群中可能已经式微。

牛油果也进入了鸡尾酒菜单。波士顿牛油果鸡尾酒是牛油果口味的伏特加酒和羽衣甘蓝、青柠混合成糊状的一款酒饮，使用饰以面包屑和辣椒粉镶边的高脚香槟酒杯。牛油果热托蒂则适合寒冷的天气饮用，其制作方法是混合用整颗牛油果核煮的茶和龙舌兰酒，再添入龙舌兰糖浆增加甜味。

荷兰的酒精饮料阿德沃卡特，是一种厚重、富含蛋黄的利口酒。美食作家维多利亚·汉森（Victoria Hansen）声称，这种饮料最初使用牛油果制作，其发明

牛油果奶油乳酪夹层巧克力蛋糕。

地点是南美洲北部海岸曾经的荷属苏里南。据说它最初是用牛油果泥、大量的白兰地和糖混合调制的。传说荷兰人 1654 年被赶出巴西东北部海岸制糖的新荷兰殖民地时，其中一些人带着牛油果幼苗和食谱去了荷属印度尼西亚。牛油果树无法在阴冷潮湿的荷兰生长，而需求是发明之母。有人说归国的荷兰人渴望喝到牛油果热托蒂，他们要寻找一种富含脂肪、奶油质感的牛油果替代品，于是开始使用蛋黄。在荷兰语中，律师和利口酒是同一个单词。蛋黄利口酒厚重的质地似乎对律师因用嗓过度而沙哑的喉咙有好处，所以它最初被命名为律师酒 *"advocaatenborrel"*，后来简称为 *"advocaat"*。

其他部分与其他用途

虽然果肉是牛油果最具商业价值的部分，但是它的其他部分也有用处。牛油果核被压碎时，会产生一种类似于杏仁露的液体。这种液体接触氧气后会变为红褐色。中美洲原住民将它用作墨水，中美洲和南美洲的西班牙征服者用它书写法律文件和手稿。牛油果墨水的稳定性很高，用它书写的早期文献现在仍然清晰可辨。因其耐洗的特性，曾经也被用于在衣服上做标记。

中美洲人还将这种液体稀释后作为早期形式的胭脂。牛油果的种子和果皮被磨碎后可用作织物染料。人们把用牛油果等植物染料染色的织物和牛油果树皮一起用小火煮，以达到固色的目的。中美洲原住民有时会在用于制作土坯的疏松的黏土混合物中加入牛油果的果肉。

牛油果树的木材除了做柴火，几乎没有价值。它很美观，有时用于制作装饰用的木艺，但它质地脆弱，会吸引白蚁，还会因木材中的真菌引起的感染而褪色变色。据说从外观上看，它与桉树的木材相似。

牛油果的多个部分能被用作顺势疗法药物。民间

玛露玛牛油果园，南非。

超级水果
牛油果小史

疗法往往以古老的温性病因与治疗体系为基础。人们认为牛油果的树叶等几个部分性质燥热，所以用来治疗表现出"湿寒"症状的病人；相反，其果肉性质湿寒，所以用来治疗表现出"燥热"症状的病人。

墨西哥人把牛油果皮放在敷布中，用来镇咳或加速瘀伤的恢复。已有研究表明牛油果皮中含有少量抗生素类化合物，但是果皮中的其他化学物质可能对整体健康有害。牛油果的种子被烘烤和研磨，作为治疗腹泻和痢疾的药物使用。磨碎的种子有收敛效果，可用于有需要的地方。顺势疗法治疗师用牛油果的果肉制成一种药膏，涂在头皮上能够促进头发生长，而磨碎的果核据说能够去除头皮屑。尼日利亚人把牛油果的果核研磨成粉，用于治疗高血压。最新医学研究表明这种做法具有医疗功效，尽管这项研究应该属于初步研究。有些地方将磨碎的种子用作杀幼虫剂和抗真菌药物。

在一些顺势疗法药物实践中，人们通过咀嚼牛油果树的叶子治疗齿槽脓漏；饮用牛油果树叶泡的茶以抑制腹泻、缓解咽喉痛和调节月经量；将新叶芽与压碎的牛油果核一起煮沸以制作堕胎药。在顺势疗法中应该谨慎使用牛油果树叶，因为它含有甘油酸，这种杀菌毒素可能会破坏细胞中 DNA 的功能，引起腹绞痛和各种胃肠道疾病。

Avocado
A GLOBAL HISTORY

食　谱

互联网上有海量的牛油果食用方法，大多是生食方法。这是有充分理由的。牛油果处于烹调温度下的时间越长，就变得越苦。高温暴露会使大多数食物发生氧化。对于含糖量足够高的食物，高温会引起焦糖化反应或美拉德反应，这大多是人们希望得到的。然而对于牛油果来说，高温暴露会导致脂肪酸氧化并转化为氧化脂质，在氧化诱导温度下暴露的时间越长，其味道越浓，也越苦涩。牛油果中的单宁在加热后也会呈现出苦味。如果你想用牛油果做一道熟食菜肴，最好在临上菜前再加入牛油果，就像墨西哥和中美洲流行的牛油果块鸡汤那样。如果必须要烹制牛油果，尽量缩减高温处理时间能够略微减少一些苦味。

牛油果最流行的用途是制作牛油果酱。这款源于古代墨西哥的特色菜品得到了世界各地文化的认可。

制作优质牛油果酱的关键便是简单。只需一个完全成熟的牛油果、几种食材和极少的步骤就能制作出一款美味可口的蘸酱。它的食谱有无数种变体,一次搜索引擎检索会出现上千万条匹配结果。美国农业部发布的关于牛油果的第 1 份公报中包含一份名为"牛油果沙拉"的牛油果酱食谱,从那以后,牛油果酱食谱的数量激增。

大多数食谱的共同点是使用葱科植物、柑橘属水果汁(通常是青柠或柠檬)、一些墨西哥佐料 [如孜然或芫荽(香菜)]、番茄、少量辣椒(如墨西哥辣椒)和盐。宣称地道的食谱大多使用香菜碎,但这种带肥皂味的草本植物的反对者和爱好者数量相当。以下是作者本人最喜爱的食谱,你可以自由添加或删减任意食材,变成你自己的食谱。纯粹主义者会斥责蛋黄酱和酱油的使用,但是它们对口感、颜色和风味助益良多。

米勒的牛油果酱

· 2 个完全熟透的牛油果

· 2 个小青柠或 1 个大柠檬的果汁

· 1 个小罗马番茄,切成小丁

· 1 个大火葱或 ½ 个小红皮洋葱,切碎

· ¼ 茶匙孜然粉

· 1 茶匙路易斯安那风味辣酱或塔巴斯科辣酱

· ½ 茶匙酱油

· 1 茶匙蛋黄酱

· 可选食材:½—1 个小墨西哥辣椒碎,以及一点芫荽
  (香菜)碎

    牛油果去皮去核,切成大块,放入搅拌碗中。

    在切好的果肉上方使用滤网挤入青柠或柠檬汁。
轻轻搅拌,直到牛油果块充分沾上果汁。

    拌入番茄、洋葱(墨西哥辣椒或芫荽)、孜然粉、辣

酱、酱油和蛋黄酱。必要的话搅拌以混合食材。牛油果在搅拌时会迅速破碎，而优质的牛油果酱要带点小块，所以只需加入食材，尽量避免搅拌。品尝并根据需要加盐和黑胡椒调味。搭配你喜欢的炸玉米片即刻享用。

　　注：虽然很多牛油果品种都可以用来制作美味的牛油果酱，但是有些绿皮品种在切开和捣碎后容易渗出汁水。可以通过加入蛋黄酱来平衡，不过使用绿皮牛油果制作的牛油果酱比使用哈斯制作的水分更多。

豌豆牛油果酱

奥巴马总统在任时,曾在推特上对青豌豆增强版牛油果酱表示反对,引发了一场大型推特风暴。原食谱包含烤葵花籽,来自米其林星级名厨让-乔治·冯热里什唐。以下食谱不含烤葵花籽,但是搭配鱼和薯片或许不错,因为它实质上是传统的英式豌豆泥加上一些牛油果。尽管这道菜可能会激怒纯粹的牛油果酱爱好者,但它其实很好吃。

· 225 克新鲜或冷冻的去壳青豌豆(豌豆)

· 1 小瓣蒜切碎

· 1 个小柠檬或青柠的果汁

· 1 个小罗马番茄切丁

· ¼ 茶匙孜然粉

· 1 茶匙路易斯安那风味辣酱或塔巴斯科辣酱

· 1—2 个牛油果,去皮切成大块

· 依个人口味准备盐和黑胡椒粉

将豌豆和蒜末放进炖锅混合，加入几汤匙水，用小火煮至非常软。避免食材煮至太干或烧焦，但起锅盛出时让汁水接近烧干。倒出剩余汁水。

加入柠檬或青柠汁并混合均匀。若想获得最佳的口感，可将豌豆、大蒜和柠檬汁放进料理机打成泥，但这不是必要步骤，也可以使用叉子或捣碎器把豌豆捣碎。

将豌豆泥拌入其他食材，然后依个人口味加盐和胡椒调味。

牛油果玛格丽特

一杯玛格丽特酒被视为牛油果酱和炸玉米片的最佳搭配。当然,也可以是一杯牛油果玛格丽特。

· 75 毫升优质白龙舌兰酒

· 30 毫升哈密瓜利口酒

· 30 毫升橙子利口酒(柑曼怡或君度最佳)

· 1 个青柠的果汁

· 30 毫升蜂蜜或龙舌兰花蜜

· ½ 个牛油果去皮去核

· 70 克(½ 杯)碎冰

将所有食材放入搅拌机打成均匀无结块的泥。用杯口抹盐的玻璃杯盛放。

牛油果吐司

千禧一代的终极菜肴。人们对牛油果吐司的评价褒贬参半，它可能是千禧一代最喜爱的一道菜，在较长期的烹饪经典中占有一席之地。也许这道菜无须食谱，不过在此提供一些参考。

使用你最喜欢的一种面包，白面包或全麦面包皆可。含糖配方的面包会在吐司机里变成漂亮的棕色，并给这道菜带来一丝美好的甜味。

用勺子挖出牛油果的果肉，放在吐司上。用叉子把果肉碾碎，涂在吐司上。像牛油果酱一样厚实为宜。用盐和胡椒调味。除此之外，还可以添加任何配料。经典配料是红辣椒碎，但凤尾鱼、扎阿塔尔香料等都可以。

牛油果葡萄柚沙拉

在牛油果营销早期，牛油果与葡萄柚的搭配就很流行。在第一次世界大战之前，二者都是新奇的食物，人们认为使用这两种食材的食谱很高档。加州牛油果委员会在20世纪20年代首次印制了这种沙拉的食谱。被誉为"美国民间烹饪圣经"的《烹饪之乐》1931年第1版中有这道经典沙拉的两种制作方法。2010年，米其林名厨艾丽斯·沃特斯在《纽约时报》上再现了这道沙拉。从1931年到2010年，还有无数书籍和报纸杂志贡献过各自版本的沙拉食谱。这个经典的组合似乎永远不过时。

·1个红葡萄柚去皮，分成若干块

·1个白葡萄柚去皮，分成若干块

·1—2个牛油果去皮切成瓣

·依个人口味准备油醋汁

将葡萄柚和牛油果交替排列成阳光放射图案。加入油醋汁调味。

这种排列可以叠加在绿叶沙拉蔬菜上，制作一份更大的沙拉。

注：可以只选用两种葡萄柚中的任意一种。加州生活方式杂志《日落》发布了这道沙拉的多种变体，添加了烟熏杏仁、虾等各种食材。这个食谱可以根据需要增减食材。若要制作经典的美国 20 世纪 50 年代版沙拉，请用卡夫牌卡特琳娜酱代替油醋汁。

路易斯蟹肉沙拉

另一道加州原创菜是路易斯虾肉或蟹肉沙拉。这道沙拉的第 1 份食谱于 1914 年在旧金山发布,当时使用的是芦笋而不是牛油果。然而牛油果很快就成为这道沙拉的首选绿色蔬菜,使用牛油果和贝类海鲜组合制作这道菜的想法已经深入人心。所有自称地道的食谱都会使用球生菜作为基底,不过长叶生菜是很好的替代品。这道沙拉的名字在美国被读作"Looey",音同法国国王路易(King Louis)或者这道菜传说中的创始人路易斯·达文波特(Louis Davenport)的名字。

·球生菜洗净切成细条

·1 根英国黄瓜切成薄片

·2 个中等大小的新鲜番茄切成瓣

·2 个煮到全熟的大鸡蛋切片

·100 克黑橄榄片

·2 个牛油果切片或大块

· 450 克洗净的邓杰内斯蟹,或根据喜好换成煮熟去皮的海水对虾(淡水对虾)

· 依个人口味准备路易斯调味酱(下附食谱)

　　取 4 个盘子,铺上切好的球生菜。在生菜上面放黄瓜片,再放上新鲜成熟的番茄瓣。在生菜和蔬菜上排列煮蛋片和橄榄片。上面放牛油果丁或片,然后将蟹肉或对虾分散摆放在蔬菜上。淋上路易斯调味酱,即刻享用。

路易斯调味酱:

· 230 克(1 杯)蛋黄酱

· 115 克(½ 杯)番茄酱

· 1 汤匙辣根酱

· 1 茶匙伍斯特辣酱油

· 1 茶匙柠檬汁

· 少许红辣椒粉

超级水果
牛油果小史

· ⅛ 茶匙大蒜粉

· 25 克（¼ 杯）小葱（青葱）花

　　混合蛋黄酱、番茄酱、辣根酱、伍斯特辣酱油、柠檬汁、红辣椒粉和大蒜粉，搅拌均匀。拌入葱花。冷藏后加在沙拉上。

　　如果时间紧迫，可以用预制的千岛酱代替路易斯调味酱，但味道会逊色一些。

路易斯虾肉开胃菜

作为一道真正的"放纵"餐,路易斯虾肉开胃菜是无与伦比的。

· 2 个牛油果去皮、对半切开并去核
· 450 克煮熟的虾(小虾为宜)
· 路易斯调味酱
· 柠檬切瓣作为装饰

把对半切好的牛油果放在铺了生菜叶的盘子上。煮熟的虾加入足量的路易斯酱混合,使虾黏合,呈奶油状。把虾混合物分成 4 份,取 1 份放在半个牛油果上,重复 4 次。与柠檬瓣一同食用。

牛油果波奇饭

　　牛油果和海鲜是一对绝佳组合。牛油果与鳍鱼类海鲜、贝类海鲜的搭配都很出色。风靡全球的夏威夷美食波奇饭,要添加牛油果才算完成。

· 175 克(1 杯)蒸熟的寿司米饭
· 100 克预制海藻沙拉
· 115 克寿司金枪鱼或三文鱼或二者组合
· 1 个牛油果切成厚片或大块
· 辣味蛋黄酱或酱油
· 烤白芝麻
· 烤芝麻油

　　将蒸熟的寿司米饭放入一个深碗底部。放上预制的海藻沙拉。

　　将鱼片和牛油果轻轻混合,摆放在海藻沙拉上。依个人口味淋上适量的辣味蛋黄酱或酱油调味。加芝麻和芝麻油装饰。

牛油果奶油

　　牛油果奶油是一种多用途的美味食品。这种墨西哥风味奶油源自遍布美国西部和墨西哥街头的玉米饼摊使用的一种非常稀薄的牛油果酱。它可以用在任何沙拉或烤肉上。当然,得克萨斯－墨西哥风格、南加州风格的墨西哥经典美食,比如炸玉米馅饼、煎饼卷、玉米饼和法西塔烤肉与它是绝配。如果用完全成熟的牛油果或者冷冻过的牛油果肉,这是一个极好的食谱。它能够冷藏保存大约 1 星期(但是通常很快就会被吃完)。

· 15 克平叶欧芹或芫荽(香菜)洗净并沥干

· 2 汤匙白醋

· 1 个青柠的果汁

· 120 毫升(½ 杯)水

· 2 根小葱(青葱)粗切

· ¼ 茶匙红辣椒碎

· ½ 茶匙盐

· ½ 茶匙糖

· 300 克（1 杯）希腊酸奶

· 1 个成熟的牛油果去皮去核

　　将欧芹或芫荽、白醋、青柠汁、水、小葱、红辣椒碎、盐和糖放入搅拌机混合。搅拌至香草（欧芹或芫荽）和小葱粉碎成浆。加入酸奶和牛油果。打成均匀无结块的泥。

　　注：这道奶油应该相当稀薄，不像牛油果酱那样厚重。根据需要加水调整，做出稀薄的沙拉调料稠度。

牛油果咖啡早餐奶昔

牛油果和咖啡的组合在巴西、印度尼西亚和菲律宾很流行。在这几个国家,牛油果咖啡奶昔是一种常见的早餐食品。

· 1 个成熟的牛油果去皮去核

· 120 毫升脱脂牛奶

· 225 克甜炼乳

· 1—2 茶匙速溶浓缩咖啡粉或 1—2 份预制浓缩咖啡液

· 150 克(1 杯)碎冰

· 可选 :1 茶匙香草香精

· 可选 :90 毫升(¼ 杯)咖啡糖浆

将所有食材放入搅拌机搅拌至均匀无结块。

附录：牛油果的种类

　　哈斯　虽然哈斯在牛油果零售市场上占据主导地位，但是小型商业生产者种植的品种和小农户为了供个人消费而种植的品种实际上有几百种。由于哈斯的普遍程度如此之高，牛油果商业生产者将牛油果分为一个主要品种——哈斯，以及所有其他种类组成的次要品种。消费者对牛油果的全年供应习以为常，但是像大多数粮食作物一样，牛油果也是季节性的。美国种植的哈斯牛油果上市期大致是每年的 4 月至 9 月。哈斯牛油果在墨西哥米却肯州不同海拔的地区均有种植，所以几乎全年都有供应，但是那里 8 月至来年 4 月出产的牛油果品质最佳。重叠覆盖的产季和贮藏技术的进步，使哈斯成为美洲市场上第 1 个全年供应的牛油果品种。在哈斯牛油果的市场持续增长的欧洲，得益于来自赤道两侧的供应，那里的消费者也能够全年买到牛油果。

富尔特 尽管哈斯是目前广泛销售的首要品种，但是这个位置曾经由富尔特占据。其名字含义为"强壮"，因为它是著名的南加州"1913 年寒潮"中几乎唯一幸存的品种。富尔特的大小与哈斯相近，果皮坚韧，果肉含油量高、呈黄色。它在成熟时通常保持绿色，所以需要通过按压果皮评估下面果肉的柔软度来确定成熟度。这种含油量高的品种产季贯穿冬季月份，而且带有类似榛子的味道。牛油果行家普遍认为，富尔特是所有牛油果品种中味道最好的。富尔特的成熟期持续时间更长，其他流行品种从成熟到腐烂的变化很快。市面上的"鸡尾酒牛油果"大多是由于某种未知原因逃逸了性发育的富尔特品种。

谢泼德 谢泼德（Shepard）品种与富尔特相似。它的发源地和种植地都在北半球，但却在澳大利亚获得了最高的接受度。虽然在味道上它经常被比作富尔特或哈斯，但是它的质地有时偏黏胶状，这或许限制了它的受欢迎程度。它是氧化速度最慢的牛油果品种之一，这意味着它在切开后变成褐色的速度非常慢。对于制作牛油果吐司来说，它是一个好选择，这或许解释了它在澳大利亚受欢迎的原因，但是不建议用它制作牛油果酱。

瑞德　全食超市的农产品采购员詹姆斯·帕克说，瑞德（Reed）也许是最有潜力挑战哈斯主导地位的品种。瑞德是一种大果型牛油果，与美式垒球或英式草地保龄球的大小相当，重量通常达到约450克。它的种子相对较大，但由于果实整体更大，它产生的可食用的果肉部分多于哈斯。其果肉呈黄绿色，带有黄油和坚果味，非常接近哈斯的味道。瑞德的生长季节比哈斯短，但是它每英亩的产量高于哈斯且耗水量更小，这可能使它在加州的主要种植区更占优势，因为那里的土地资源和水资源价格逐年上涨。澳大利亚的灌溉用水非常宝贵，瑞德能够用较少的水苗壮成长，因此受到澳大利亚种植者的欢迎。它是一种绿皮牛油果,因此必须通过按压果皮、评估柔软度来检测成熟度。

宝石　宝石(GEM)牛油果是另一种有潜力挑战哈斯地位的品种。它得名于其培育者,加州大学的格雷·E. 马丁(Gray E. Martin)的名字。宝石牛油果是哈斯的孙代品种,格温的子代品种。它继承了哈斯在味道和质地方面的许多特征,不过单株产量更高,而且树型更矮小,这意味着采收成本更低。大部分哈斯牛油果进入市场后,宝石才进入成熟期,因此它可以作为一种优秀的补充产品,使美国的商店能够全年出售牛油果。此外,它的留树时间更长且不影响果实质量,留给种植者更多的采收时间。与哈斯相比,它不太容易出现隔年结果的模式,这也是它深得种植者喜爱的特性。宝石牛油果是一个绿皮品种,但成熟时会有美丽的金色斑点,除了对零售消费者产生视觉吸引力,也为判断成熟度提供了可视的提示。在盲品测试中,宝石的得分经常超过哈斯。在广泛销售的牛油果中,宝石品种的氧化速度是最慢的,也就是说它切开后不会迅速变成褐色。这可能是它在餐饮服务经营者和零售消费者中大受欢迎的原因。宝石牛油果获得了欧洲消费者的认可,是英国特易购超市的特色品种。

羔羊哈斯 羔羊哈斯(Lamb Hass)是一种杂交牛油果,其基因组成中的原始哈斯基因占比相当大。其果型大于普通的哈斯,重量常常超过450克。它的味道评分高,接近原始哈斯,并且成熟时会变黑,便于向受过训练、以颜色作为牛油果成熟标志的消费者销售。它的采收时间晚于原始哈斯,因此可以作为市场上很好的一种补充产品。它的大果型对于销售商来说也许不算优势,但它在加州种植区的种植量处于增长中。

平克顿 平克顿(Pinkerton)是一种产季短暂的加州牛油果,果核小,在风味和口感测试中获得高分。

其木质不像哈斯那样脆弱，所以树木更强壮，更不易受到风害，这一点得到了种植者的喜爱。许多牛油果爱好者认为平克顿的味道比哈斯更加浓郁，同时保持了哈斯理想的口感。平克顿成熟时，果皮上会出现深色斑点，为消费者提供了可视的成熟度提示。考虑到平克顿短暂的生长季节和有限的种植量，或许它将永远是一个小众牛油果品种，但也是一个值得去寻味的品种。

培根　培根牛油果（Bacon，也译作巴康）得名于第1个开发它的农民詹姆斯·培根（而不是因为它的味道像培根，否则它会成为真正神奇的"独角兽"食物）。培根是一个危地马拉系品种，这意味着比起哈斯这样的墨西哥系品种，它的脂肪含量更低，水分含量更高。培根牛油果味道微甜，而且水分含量较高，所以是制作冰沙的理想牛油果。它是绿皮品种，需要通过按压果皮来评估成熟度。培根品种主要是作为哈斯的

B 型花授粉者而种植的,味道、口感与和它相似的祖坦诺(Zutano)品种一样,这类牛油果大部分被送往加工厂,只有少量的整果在零售市场上销售。

沙怀尔 沙怀尔(Sharwil)是墨西哥系和危地马拉系牛油果的杂交品种,在澳大利亚育成,且是该国受欢迎的品种。沙怀尔在夏威夷也很普遍,是夏威夷牛油果商业生产的主要品种(在庭院和家庭花园中同样广泛种植)。它是果核最小的商业生产的牛油果品种之一,再加上果型巨大(夏威夷的一个沙怀尔牛油果重达 2.5 千克,创造了世界纪录),这意味着它的果实能够提供大量的可食用果肉。澳大利亚的沙怀尔果型往往小于在夏威夷种植的科纳亚种。这种牛油果和哈斯一样富含油脂,这赋予它理想的口感和味道。沙怀尔被归类为绿皮牛油果,但有些果子成熟时会像哈斯那样变成非常深的绿色。总的来说,人们认为沙怀尔是一种优质的牛油果。由于对害虫传播的担忧,过去数年中美国农业部限制将夏威夷科纳沙怀尔引进至美国大陆，但这一禁令目前已被部分取消，现在沙怀尔被允许进入寒冷地区的州，出现在了美国东海岸的市场上。

肖凯特　肖凯特（Choquette）有时也被称为佛罗里达牛油果，因为它是佛州种植最广泛的牛油果品种。它是墨西哥系和危地马拉系的杂交品种，也是广泛销售的果型最大的品种之一。其味道和口感俱佳，并且对佛州多种害虫有很强的抵抗力，所以在当地普遍种植。肖凯特是脂肪含量最低的牛油果品种之一，营销人员常常称它为"瘦身牛油果"。其脂肪含量低很大程度上是因为果实中的水分含量高，这是佛州种植的大多数品种的共同特性。虽然肖凯特的水分含量高于其他流行品种，但是它在切割和捣碎制作牛油果酱时能够保持良好的形状。它在美国东海岸很受欢迎，在哈斯营销轰炸之前，肖凯特在东部已经具有了稳固的商业地位。

大墨西可乐　大墨西可乐（Mexicola Grande）是经典的墨西可乐（Mexicola）牛油果的一个变体。它是最新的牛油果迷必吃品种。大墨西可乐从亮黄色变成暗紫色，看起来更像是小茄子而不是牛油果，它的果皮薄如纸，容易被指甲刺破。和鸡尾酒牛油果一样，大墨西可乐牛油果的果皮也可以食用，但是可口程度不及前者。它有浓郁的坚果味道，含油量极高。叶子可食用，带有明显的茴芹香气。作为牛油果，大墨西可乐的不寻常之处在于它能够自花授粉，并且在花盆中生长良好。它可能是最耐寒冷和霜冻的牛油果品种，能够在比其他品种冷1—2个气候带的地区生长。

如果你想在室内用花盆种一棵能结果的牛油果树，那么大墨西可乐或许是最好的选择。互联网上有多个渠道销售该品种的树。农产品的跨辖区运输通常受到严格的限制，因此在线下单之前请先查询相关法规。

延伸阅读

巨型草食动物的时代

巨型草食动物,即体重超过 1 吨的植食性动物,现在已经很罕见。现存的这类巨型动物大多数生活在撒哈拉以南的非洲和南亚。但是在更新世时期,它们的身影遍布所有大陆,并且种类多样。它们是草原和森林生态系统的调节者,也是大果核肉质果的重要传播者。多年来,人们一直认为早期人类的猎杀活动导致了大部分巨型草食动物的灭绝,但是现在人们认为,它们中的大多数当时已经因为气候变化走向消亡,而人类只造成了幸存至近代的少数残余物种的灭绝。

许多植物当时的主要传播机制是依靠这些巨型植食性动物的摄食和排便。在牛油果从最初墨西哥中部高原有限的生长范围向外传播的过程中,巨型草食动物是其不可或缺的传播者，尽管后来人类把牛油果传播到了更远的地方。生态学家丹·詹曾（Dan Janzen）与保罗·马丁（Paul Martin）提出，巨型草食动物消失后，有些植物失去了传播者，理应灭绝但是却幸存了下来。在二人合著的开创性论文《新热带区的时代倒错：嵌齿象进食的水果》中，他们将这类植物称为"幽灵"（ *Neotropical Anachronisms: The Fruits the Gomphotheres Ate*, Science, 215, 1982 ）。

关于这种动植物之间的关系，最有趣的研究之一是康妮·巴洛所著的《进化中的幽灵：无意义的果实、失踪的搭档和其他生态时代倒错》（ *The Ghosts of Evolution: Nonsensical Fruits, Missing Partners, and Other Ecological Anachronisms*, New York, 2000 ）。巴洛将与牛油果情况类似的水果称为"进化中的幽灵"，因为在人类到来之前的上一任主要传播者灭绝后，它们又存活了很长时间。加里·纳卜汉在其著作《永恒的种子》（ *Enduring Seeds*, San Francisco, CA, 1989 ）中也探讨了同一主题。

牛油果植物学

虽然欧洲人在与新大陆接触之初就记录了牛油果的存在，但是严肃的植物学学术研究大部分出现于 20 世纪和 21 世纪。关于这个话题最全面的研究无疑是《牛油果：植物学、生产与用途》(*The Avocado: Botany, Production and Uses*, Wallingford, 2013)，这是一本以四年一度的世界牛油果大会为基础选编的学术文集。它收录了牛油果的科学、农业和技术等方面许多宝贵的学术成果。

牛油果园艺

加州牛油果委员会联手加州大学推广服务中心推出了一套优秀的两册系列丛书，若想了解关于牛油果品种和技术问题（例如选育、繁殖及果园管理）的详细信息，可以查询《加州的牛油果生产：种植者文化手册》（Mary Arpaia et al., *Avocado Production in California: A Cultural Handbook for Growers*, 2nd edn, vol. I: Background Information, and vol. II: Cultural Care, San Diego, CA, 2013）。

加州牛油果委员会还自行出版了一本牛油果种植最优方法的简明指南，名为《优质种植：一本优秀的加州牛油果种植者农业技术手册》（*Growing for Quality: A Good Agricultural Practices Manual for California Avocado Growers*, Version 1.0, Irvine, CA, n.d.）。这本书包含各种病虫害细节的彩色照片，并提供了关于果园卫生与安全的建议。

近代早期的牛油果

中美洲和加勒比地区早年的西班牙和英国探险

家与殖民者，在近代早期就已熟知牛油果，但是大多数西方人对牛油果止步于好奇，直到19世纪下半叶，南加州和佛州的农学家开始认为牛油果可能具有商业潜力。20世纪初，美国农业部研究员盖伊·科林斯（Guy Collins）在中美洲广泛考察研究牛油果，他撰写了以牛油果为主题的第1份全面的手稿。这份手稿于1905年作为美国农业部种植业第77号公报（*USDA Plant Industry Bulletin Number 77*）发布。这份公报为后来几乎所有与牛油果相关的研究确定了基调和范围。

1915年成立的加州阿瓦卡特协会对牛油果的选育、繁殖、果树栽培和营销进行了广泛的研究。该组织后来更名为加州牛油果协会，并且每年发行年鉴。这些年鉴形成一个信息库，包括牛油果行业的发展及协会为牛油果的大众营销所做的工作。威尔逊·波普诺是一位早期的牛油果倡导者，年鉴中有他关于牛油果历史的大量撰文，尤其是加州牛油果产业早期的历史。

其中许多年鉴可以通过"avocadosource.com"网站在线获取,该网站由霍夫什基金会维护,旨在传播牛油果相关信息,特别是关于果树种植栽培的信息。

流行文化中的牛油果

在流行文化中与社交媒体上,牛油果已经成为人们迷恋、崇尚的对象(最近变为嘲笑对象)。在几乎所有与食品相关的流行杂志、网站、博客上都可以看到关于牛油果的食谱和营养信息(有时是错误信息)的文章和发帖。在搜索引擎中检索"牛油果",会出现几百万条匹配结果。牛油果在社交媒体平台上的受欢迎程度使它跻身出镜率最高的食物之列。《大西洋》《纽约客》《纽约时报》和《卫报》等报纸杂志发表过一些关于现代文化中的牛油果的更严肃的文章。

可以想象,像牛油果这样征服了大众想象力的食物肯定拥有大量相关主题的烹饪书,包括一些把牛油果吐司作为唯一主题的书籍。以下是一些实用的烹饪书籍：

《绝对牛油果》(Dalkin, Gaby, *Absolutely Avocados*, New York, 2013)

这是一本图文并茂的烹饪书，包括大量可口的牛油果菜肴。

《终极牛油果烹饪书：50 道新式时尚美味食谱，满足你的牛油果瘾》(Dike, Colette, *The Ultimate Avocado Cookbook: 50 Modern, Stylish, and Delicious Recipes to Feed Your Avocado Addiction*, New York, 2019)

如标题所示，这本书是使用"最新"食材的时尚的食谱。

《每天一个牛油果》(Ferroni, Lara, *An Avocado a Day*, Seattle, WA, 2017)

这本烹饪书涵盖了从早餐到餐后甜点的多种食谱，每份食谱都有图解。

其他短小有趣的书籍包括：

《超级食物：牛油果》（*Super Food: Avocado*, London, 2017）

这本书包含关于牛油果的趣闻、食谱和一些牛油果制品，例如牛油果面膜和洗发水，甚至织物染料的配方。

《牛油果贴士小书》（Langley, Andrew, *The Little Book of Avocado Tips*, Bath, 2018）

这是另一本轻松的通用读物，包括牛油果的选择以及食谱等内容。

致　谢

感谢瑞科图书（Reaktion Books）的迈克尔·利曼（Michael Leaman）与"食物"系列的编辑安德鲁·史密斯（Andrew Smith）为我提供编写这本书的机会。本书的想法诞生于在牛津食品与烹饪研讨会上与他们两位共进晚餐期间，这个想法最终得以实现，我对此非常感激。

特别感谢我的系主任迈克尔·帕利亚索蒂（Michael Pagliassotti）博士。我的科研工作进度比系里同事慢一些。我以不同的节奏前进，而他给予了我莫大的支持，为此我十分感激他。

超级水果
牛油果小史

图书在版编目（CIP）数据

超级水果：牛油果小史 /（美）杰夫·米勒著；胡文雅译 .—
北京：中国工人出版社，2023.6
书名原文：Avocado: A Global History
ISBN 978-7-5008-8054-7

Ⅰ . ①超… Ⅱ . ①杰… ②胡… Ⅲ . ①牛油果—历史—
世界 Ⅳ . ①S565.9-091

中国国家版本馆 CIP 数据核字（2023）第 101279 号

著作权合同登记号：图字 01-2023-0465

Avocado: A Global History by Jeff Miller was first published by Reaktion Books,
London, UK, 2020,in the Edible series.
Copyright © Jeff Miller 2020.
Rights arranged through CA–Link International LLC.

超级水果：牛油果小史

出 版 人	董　宽
责任编辑	陈晓辰　董芳璐
责任校对	张　彦
责任印制	黄　丽
出版发行	中国工人出版社
地　　址	北京市东城区鼓楼外大街 45 号　邮编：100120
网　　址	http://www.wp-china.com
电　　话	（010）62005043（总编室）（010）62005039（印制管理中心）
	（010）62001780（万川文化项目组）
发行热线	（010）82029051　62383056
经　　销	各地书店
印　　刷	北京盛通印刷股份有限公司
开　　本	880 毫米 ×1230 毫米　1/32
印　　张	7.375
字　　数	100 千字
版　　次	2023 年 7 月第 1 版　2023 年 7 月第 1 次印刷
定　　价	62.00 元